Annette Schmitt

Belgischer Schäferhund

Premium Ratgeber

bede bei Ulmer

Inhalt

Von den Ursprüngen zur Reinzucht

Ende des 19. Jahrhunderts waren Belgiens Schäferhunde begehrte Helfer auf Bauernhöfen und bei Schafzüchtern.

Die Entstehung der uns heute bekannten vier Varietäten des Belgischen Schäferhundes beginnt Ende des 19. Jahrhunderts. Um 1890 waren die Schäferhunde Belgiens als begehrte Helfer der Bauern und Schäfer überall im Land verbreitet. Die Arbeit, die sie zu leisten hatten, prägte ihren Charakter und ihre Anatomie. Sie galten als sehr wachsam, wendig und schnell, verfügten über eine hohe Intelligenz und rasche Auffassungsgabe und waren stets voll auf ihren Herrn konzentriert. Zudem mussten sie sehr ausdauernd und genügsam sowie anpassungsfähig an die ständig wechselnden Witterungsverhältnisse sein. Äußerlich zeigten sich die Vierbeiner in Farbe und Haarart noch sehr uneinheitlich. Die Schulterhöhe hingegen betrug bei allen Hunden etwa 50 bis 55 cm, au-

Anfangs gingen die Gebrauchseigenschaften vor, ein einheitliches Erscheinungsbild war zweitrangig.

Im ersten, 1892 erschienenen Standard wurde festgelegt, dass langhaarige Belgische Schäferhunde nur schwarz sein durften.

ßerdem waren sie durchwegs leichtfüßig und hatten Stehohren.

In die Zucht kommt System

Nachdem Ende des 19. Jahrhunderts die Hundezucht in Europa allgemein erst richtig begann, stieg auch unter belgischen Hundezüchtern das Interesse an den diversen Typen der einheimischen Herdengebrauchshunde. So gründeten einige Liebhaber am 29. September 1891 den „Club du Chien de Berger Belge" mit dem Ziel, die Schäferhunde rein zu züchten. Um sich über die vorhandenen Hunde einen ersten Überblick zu verschaffen, fand auf Initiative von Prof. A. Reul, Dozent am tierärztlichen Institut von Cureghem, einige Wochen später eine „Heereschau" statt, bei der 117 Schäferhunde aus den verschiedenen belgischen Provinzen zusammenkamen. Hier unterschied man zunächst zwischen lang-, hart- und kurzhaarigen Hunden. Vierzig Vierbeiner, die sowohl im Aussehen als auch in ihren Hütefähigkeiten den Vorstellungen der Züchter am nächsten kamen, blieben am Ende der Schau zur Weiterzucht übrig. Fortan sollten auch nur noch Hunde mit gleicher Haarart miteinander verpaart werden.
Zudem legte man fest, dass Langhaarige nur noch schwarz sein durften (Groenendael), Kurzhaarige rotbraun (Malinois) und die Rauhaarigen grau (Laekenois). Am 3. April 1892 erstellte der belgische Schäferhundclub einen ersten, sehr ausführlichen Standard. Anschließend erkannte auch der Internationale Hundeverband den Belgischen Schäferhund mit seinen drei Varietäten unter der FCI-Nr. 15 offiziell als Rasse an. Die extremen Einschränkungen bezüglich der künftig zugelassenen Fellfarben führten bei vielen Besitzern andersfarbiger Schäferhunde zu großem Unmut, schließlich befanden sie auch ihre Vierbeiner für sehr schön und förderungswürdig. Daraufhin gründeten sie 1895 einen eigenen Club – mit Erfolg, denn vier Jahre später wurde auch die vierte Variante, der rotbraune, langhaarige Tervueren in den Standard mit aufgenommen. Dies versöhnte die Züchter der andersfarbigen Hunde und beide Clubs schlossen sich wieder zu einem einzigen zusammen.

Von uneinheitlichen Bauernhunden zur eleganten Rasse

Die Zucht begann zu blühen und aus den uneinheitlichen Bauernhunden wurden innerhalb kurzer Zeit elegante Rassehunde, die trotzdem nichts von ihren Gebrauchseigenschaften einbüßten. Bereits 1910 waren Typ und Charakter

Der Tervueren galt zunächst, aufgrund seiner Fellfarbe, als nicht offiziell anerkannt.

Nach dem 2. Weltkrieg durften auch Hunde unterschiedlicher Fellstruktur miteinander verpaart werden, um den allgemeinen Bestand zu sichern.

Um 1880 begann Schlosswirt Rose im Dorf Groenendael mit der Zucht der langhaarigen, schwarzen Schäferhunde.

des Belgischen Schäferhundes relativ gefestigt, dies gelang allerdings nur mit viel Inzucht. Als schließlich der 1. Weltkrieg ausbrach, gelangten die vier Belgier als Dienst- und Armeehunde in Europa und Afrika zu großem Ansehen, ihre Zucht jedoch kam in den Kriegswirren fast völlig zum Erliegen. Eine ähnliche Situation brachte der 2. Weltkrieg mit sich, sodass die Zuchtordnung wieder gelockert wurde und auch andersfarbige Hunde eingekreuzt sowie Vierbeiner mit unterschiedlicher Fellstruktur miteinander verpaart werden durften. Erst 1973 hob man diese großzügigen Zuchtbestimmungen wieder auf. Seitdem sind nur noch Kreuzungen derselben Varietäten untereinander erlaubt.

Der edle Schwarze aus Groenendael

Die vier uns heute bekannten Belgischen Schäferhunde, die inzwischen übrigens deutlich größer und stattlicher sind als zu Beginn ihrer Zucht, haben ihren jeweiligen Rassenamen von den Orten erhalten, an denen sie gehäuft vorkamen bzw. ihre Zucht begann. So stammt der Groenendael aus dem Dorf Groenendael bei Brüssel, in dem der Schlosswirt Rose um 1880 mit der Zucht der schwarzen, langhaarigen Schäferhunde begann. Zunächst „nur" als hervorragender Schafhüter bekannt, machte sich der Groenendael schon bald einen Namen in anderen Gebrauchshundesparten. So wurde der Rüde „Jules" in den Jahren 1908 bis 1912 viermal hintereinander Weltsieger in der internationalen Siegerprüfung für Gebrauchshunde in Paris.

Tervueren mit Groenendael-Blut

Die Stammeltern der Tervueren-Zucht waren der schwarze Hütehund „Piccard", der bereits die Groenendael-Zucht mit begründete, und die rotbraune, leicht schwarz berußte Hündin „Miss". Aus diesem Wurf ging unter anderem der braunrote Rüde „Milsart" hervor, der von Fachleuten als Prototyp der Rasse angesehen wird. Wie bereits beim Groenendael wurde auch hier eine rigorose Inzucht betrieben, um möglichst bald zu einem klaren Rassebild zu kommen. Lange Zeit blieb die Frage nach der korrekten Farbe ein Streitpunkt unter Züchtern und Liebhabern. Dadurch sank sogar vorübergehend das Interesse am Tervueren. Inzwischen hat sich die erwünschte Fellfarbe

Stammvater des Tervueren ist der schwarze Hütehund „Piccard", der schon die Groenendael-Zucht mitbegründete.

Der Malinois ist bis heute der begehrteste Gebrauchshund unter den Belgischen Schäferhunden.

jedoch etabliert und in Deutschland fallen derzeit sogar deutlich mehr Tervueren-Welpen als Groenendaels. Hochburg der Langhaarzucht ist bei weitem nicht Belgien. Die meisten Belgier stammen aus Frankreich gefolgt von den Niederlanden, Deutschland und dann erst kommt Belgien.

Arbeitstier Malinois

Der Malinois oder Mechelaer erhielt seinen Namen von der flämischen Stadt Mechelen, auch Malines genannt. Die Züchter dieses einzigen kurzhaarigen Belgischen Schäferhundes legten von Anfang an oberste Priorität auf die Gebrauchseigenschaften des Hundes. Das äußere Erscheinungsbild war für sie eher zweitrangig. Zwar galt bereits 1899 nur die Farbe braunrot als korrekt, trotzdem jedoch hielten sich die Züchter von damals anfangs eher wenig daran.

Schon bald mauserte sich der Malinois zum Gebrauchshund Nummer 1 unter den Belgischen Schäferhunden. Dies ist bis heute so geblieben. In Deutschland ist der Mali, wie er auch liebevoll genannt wird, seit den 1980er-Jahren bekannt. Seitdem gewinnt er zunehmend an Beliebtheit. Inzwischen ist er auf hiesigen Hundesportplätzen sowie im Gebrauchshundesektor nicht mehr wegzudenken.

Wenig bekannter Laekenois

Der große Unbekannte unter den Belgiern ist sicherlich der Laekenois oder Laeken. Er ist rauhaarig und rotbraun. Seine Wiege steht im Schlosspark von Laeken. Hier züchteten flämische Schäfer seit Generationen ihre Arbeitshunde selbst. Zunächst führte der Laekenois ein regelrechtes Schattendasein neben seinen äußerlich doch deutlich attraktiveren Familienmitgliedern, zumal auch seine Züchter nur flämisch und nicht französisch sprachen, weshalb auch keine Kontakte zu anderen Hundezüchtern entstanden. Letztendlich ist es den Holländern zu verdanken, dass der Laeken als Rasse bis heute erhalten blieb, möglicherweise wegen seiner Ähnlichkeit zum Hollandse Herdershond. Einige wenige holländische Liebhaber nahmen sich der Rasse an und widmeten ihr sehr viel Zeit und Aufmerksamkeit, sodass man heute im Laekenois zwar nach wie vor eine echte Rarität, andererseits aber auch eine

Was genau ist ein Schäferhund?

Nicht jeder Hund, der den Hirten bei seiner Arbeit unterstützt, ist automatisch ein Schäferhund. Häufig wird der Schäferhund mit dem Hirten- bzw. Herdenschutzhund verwechselt, dessen alleinige Aufgabe es ist, die Herde zu bewachen und vor Räubern sowie Raubtieren zu schützen. Auch mit den Treibhunden, die eine zu weit entfernte Herde auf Kommando blitzschnell mit viel Gebell wieder zurückbringen, hat ein Schäferhund nichts gemein. Schäferhunde arbeiten viel mehr still, teilweise bewegungslos und nur mit ihrem fixierenden Blick. Für ihre Arbeit wird ihr Jagdtrieb ausgenutzt, dem sie allerdings nur kontrolliert auf Befehl des Schäfers nachgehen dürfen. Nie soll dabei ein Tier ernsthaft verletzt werden. Schäferhunde nennt man auch Hütehunde; dies ist jedoch irreführend, weil sie die Schafe eben nicht behüten, sondern eigentlich „nur" jagen.
In Europa haben sich Schäferhunde erst vor etwa 300 Jahren richtig etabliert. Damals wurden Wiesen in Äcker und Weiden in Privatbesitz umgewandelt, sodass für große Schafherden nicht mehr viel Platz war. Folglich brauchten die Schäfer leichtfüßige, wendige Hunde, die lautlos, zielsicher und absolut zuverlässig auch auf kleinen Flächen arbeiteten. Sie mussten lernwillig und gehorsam sein, sich trotzdem den Schafen gegenüber durchsetzen können und gerne mit großer Ausdauer den ganzen Tag im Freien unterwegs sein.

Der Laekenois ist der unbekannteste Belgier. Selbst in seinem Ursprungsland gilt er als Rarität.

äußerst robuste, noch sehr ursprüngliche Rasse findet.
Lange Zeit hatte der Laekenois hatte kein einheitliches Aussehen. Es gab ihn mit relativ kurzem Kraushaar bis hin zur lockigen Variante, die teilweise einem Bouvier glich. Die wenigen Züchter, die sich dieser Varietät verschrieben haben, erhielten in den letzten Jahrzehnten die Genehmigung, typvolle Malinois einzukreuzen, um dem Laeken endlich ein einheitliches Aussehen zu verschaffen.
Selbst in Belgien existieren derzeit nur etwa sieben Laeken-Zwinger. In Deutschland gibt es nur einen einzigen Züchter.

Schäferhunde, für deren Arbeit ihr Jagdtrieb ausgenützt wird, arbeiten häufig mit einem fixierenden Blick.

Rassestandard

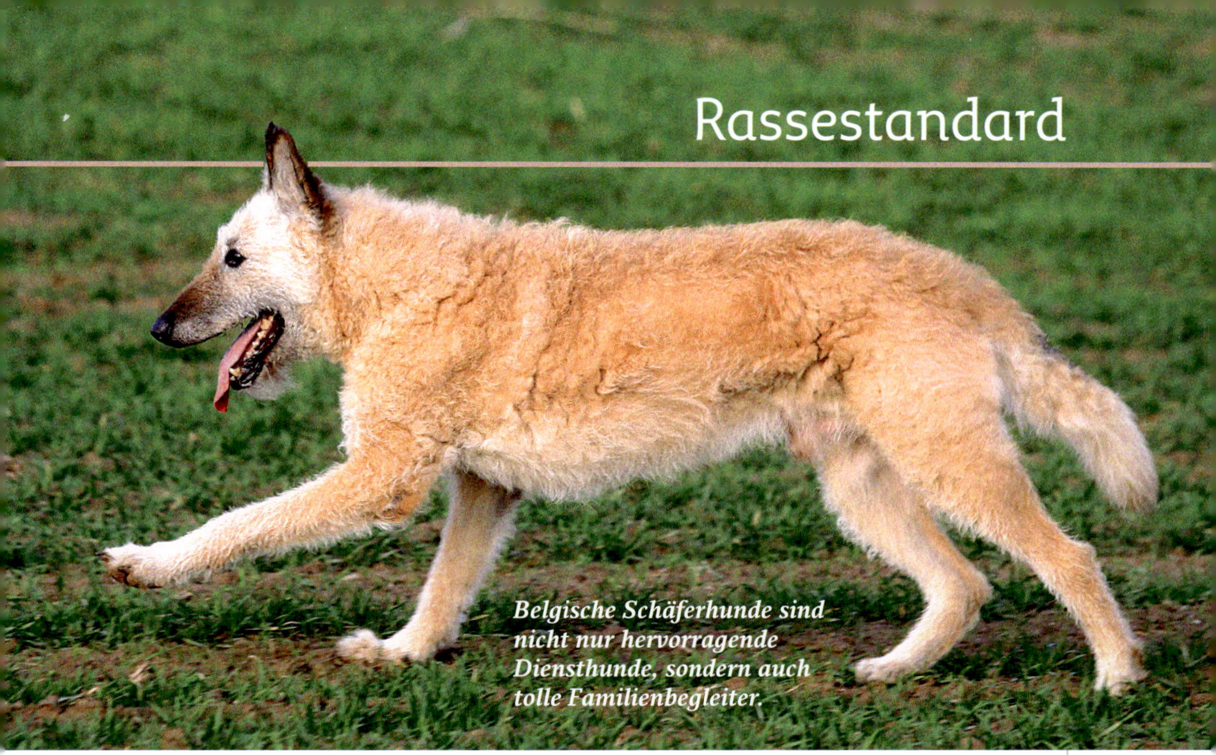

Belgische Schäferhunde sind nicht nur hervorragende Diensthunde, sondern auch tolle Familienbegleiter.

Im Standard ist festgehalten, wie ein perfekter Hund einer Rasse auszusehen hat. Aber auch ein kurzer Einblick in Veranlagung und Wesen wird hier gegeben.

Belgischer Schäferhund (Berger belge)

FCI-Standard Nr. 15/05.06.2002/D
Übersetzung Dr. J.-M. Paschoud und Frau R. Binder, überprüft durch Frau Peper.

Ursprung Belgien.
Datum der Publikation des gültigen Originalstandards 13.03.2001.
Verwendung Ursprünglich Schäferhund, heute Gebrauchshund (Wachhund, Schutzhund, Fährtenhund usw.) und polyvalenter Diensthund sowie auch Familienhund.

Klassifikation FCI Gruppe 1 Hütehunde und Treibhunde (ausgenommen Schweizer Sennenhunde). Sektion 1 Schäferhunde. Mit Arbeitsprüfung.

Allgemeines Erscheinungsbild Harmonisch gebauter Hund von mittleren Proportionen, der Eleganz und Kraft in sich vereinigt. Er hat ein quadratisches Gebäude und ist mittelgroß; seine Muskulatur ist kräftig und trocken. Er ist widerstandsfähig, an das Leben im Freien gewöhnt und im Stande, die in Belgien so häufigen klimatischen Schwankungen zu ertragen. Durch die Harmonie seiner Körperformen und die stolze Kopfhaltung soll der Belgische Schäferhund den Eindruck jener eleganten Robustheit vermitteln, die das Erbe der gezielt heraus-

Laut Standard ist der Belgische Schäferhund ein „harmonisch gebauter Hund von mittleren Proportionen, der Eleganz und Kraft in sich vereinigt".

gezüchteten Vertreter einer Gebrauchshunderasse ist. Der Belgische Schäferhund soll im Stand in natürlicher Stellung, ohne körperlichen Kontakt mit dem Vorführer, gerichtet werden.

Wichtige Maßverhältnisse Der Belgische Schäferhund hat ein quadratisches Gebäude. Die Brust reicht bis auf Höhe der Ellenbogen. Die Länge des Fangs entspricht oder übertrifft leicht die halbe Kopflänge.

Verhalten/Charakter (Wesen) Der Belgische Schäferhund ist wachsam und rege, von übersprudelnder Lebhaftigkeit und stets aktionsbereit. Neben seinen angeborenen Fähigkeiten als Hüter der Herden besitzt er die wertvollen Eigenschaften eines sehr guten Wächters für Haus und Hof. Er verteidigt seinen Herrn ohne jegliches Zögern hartnäckig und leidenschaftlich. Er vereinigt in sich alle für einen Schäferhund, Wachhund, Schutzhund und Diensthund erforderlichen Vorzüge. Sein lebhaftes und munteres Temperament und seine gefestigten Charaktereigenschaften, die weder Angst noch Aggressivität kennen, sollen sich in seiner Körperhaltung und im stolzen und aufmerksamen Ausdruck seiner glänzenden Augen offenbaren. Beim Richten sollte man das „ruhige" und „beherzte" Temperament berücksichtigen.

Kopf-Oberkopf

Kopf Hoch getragen; nicht übertrieben lang, gerade in seinen Begrenzungslinien, gut gemeißelt und trocken. Schädel und Fang sind ungefähr gleich lang; der Fang darf höchstens um ein Weniges länger sein, was dem Gesamtbild den letzten Schliff verleiht.

Schädel Von mittlerer Breite, in seinen Proportionen zur Länge des Kopfes passend, mit eher abgeflachter als gerundeter Stirn und mit wenig ausgeprägter Stirnfurche. Von der Seite gesehen verläuft die Oberlinie parallel zu einer

Die Rasse ist sehr wachsam und im Notfall auch verteidigungsbereit.

gedachten Verlängerungslinie des Nasenrückens. Hinterhauptkamm wenig entwickelt. Augenbrauenbögen und Jochbein nicht vorstehend.

Stopp Mäßig entwickelt.

Gesichtsschädel

Nasenschwamm Schwarz.

Fang Mittellang, unter den Augen gut gemeißelt; er verjüngt sich allmählich zur Nase hin und hat die Form eines verlängerten Keils. Der Nasenrücken ist gerade und parallel zur gedachten verlängerten Oberlinie der Stirn. Fangöffnung groß und weit, das heißt bei offenem Fang werden die Mundwinkel stark nach hinten gezogen und die Kiefer klappen weit auseinander.

Rassetypisch ist der nur mäßig entwickelte Stopp.

Lippen Dünn, straff anliegend und stark pigmentiert.
Kiefer/Zähne Zähne groß, weiß, regelmäßig und kräftig in dem gut entwickelten Kiefer eingesetzt. Scherengebiss; das von den Schaf- und Viehtreibern vorgezogene Zangengebiss wird toleriert. Das Gebiss ist entsprechend der Zahnformel des Hundes vollzahnig. Das Fehlen von zwei Prämolaren 1 (PM1) ist zulässig; die Molaren 3 (M3) werden nicht berücksichtigt.
Backen Trocken und recht flach, doch gut bemuskelt.
Augen Von mittlerer Größe, weder zu tief liegend noch vorstehend, leicht mandelförmig, schräg eingesetzt, von bräunlicher Farbe, wobei dunkel gefärbte Augen bevorzugt werden. Die Augenlider sind schwarz umrandet. Der Blick ist offen, lebhaft, aufgeweckt und forschend.
Ohren Eher klein, hoch angesetzt, in ihrem Aussehen klar dreieckig. Die Ohrmuschel ist in sich gut gebogen. Die spitzen Ohren werden fest und aufrecht getragen und bei Aufmerksamkeit senkrecht gestellt.
Hals Gut abgesetzt, etwas länglich, ziemlich aufgerichtet, gut bemuskelt, zu den Schultern hin allmählich breiter werdend. Ohne Wamme. Der Nacken ist leicht gewölbt.

Die spitzen Ohren sind hoch angesetzt, eher klein und dreieckig in ihrer Form.

Körper
Kraftvoll ohne Schwere. Die vom Buggelenk zum Sitzbeinhöcker gemessene Körperlänge entspricht ungefähr der Widerristhöhe.
Oberlinie Die obere Linie von Rücken und Lenden ist gerade.
Widerrist Ausgeprägt.
Rücken Fest, kurz und gut bemuskelt.
Lenden Kräftig, kurz, angemessen breit, gut bemuskelt.
Kruppe Gut bemuskelt; nur sehr leicht schräg; angemessen, aber nicht übertrieben breit.

Während die Rute in der Ruhe hängend getragen wird, hebt sie der Hund in der Bewegung leicht an.

Brust Nicht breit, aber tief hinabreichend; die Rippen sind in ihrem oberen Bereich gewölbt; von vorne gesehen ist die Vorbrust wenig breit, ohne dabei schmal zu sein.

Unterlinie Sie beginnt unter dem Brustkorb und steigt sanft in harmonischer Rundung zum Bauch hin an, der weder zu ausgefüllt noch windhundartig aufgezogen ist, sondern leicht ansteigt und mäßig entwickelt ist.

Rute Gut angesetzt, an der Basis kräftig, von mittlerer Länge, mindestens bis zum Sprunggelenk, aber vorzugsweise weiter nach unten reichend; in der Ruhe wird sie hängend getragen und zeigt an ihrem Ende auf der Höhe des Sprunggelenks eine leichte Biegung nach hinten; in der Bewegung wird sie stärker angehoben, aber nicht über die Horizontale, mit an der Spitze stärker ausgeprägter Krümmung, ohne jedoch einen Haken zu bilden oder seitlich abzuweichen.

Gliedmaßen

Vorderhand Kräftiger Knochenbau, aber ohne Schwere; Muskulatur trocken und stark; die Läufe stehen aus jeder Blickrichtung senkrecht und sind, von vorne gesehen, vollkommen parallel.

Spontane Richtungswechsel sind für einen Belgischen Schäferhund auch bei hohem Tempo aufgrund seiner Wendigkeit kein Problem.

Schultern Das Schulterblatt ist lang und schräg, fest anliegend und bildet mit dem Oberarm einen hinreichenden Winkel, der idealerweise 110–115° beträgt.

Oberarm Lang und angemessen schräg.

Ellenbogen Kräftig, weder abstehend noch zu eng anliegend.

Unterarm Lang, gerade.

Vorderfußwurzelgelenk Sehr fest und klar umrissen.

Vordermittelfuß Kräftig und kurz, möglichst senkrecht zum Boden stehend oder nur sehr wenig nach vorne geneigt.

Vorderpfoten Rund, Katzenpfoten. Die Zehen sind gewölbt und dicht aneinander liegend, die Ballen dick und elastisch und die Krallen dunkel und kräftig.

Hinterhand Kraftvoll, aber ohne Schwere. Von der Seite gesehen, stehen die Hinterläufe senkrecht, von hinten gesehen sind sie vollkommen parallel.

Oberschenkel Mittellang, breit, stark bemuskelt.

Kniegelenk Annähernd senkrecht unter der Hüfte platziert; normale Winkelung.

Unterschenkel Mittellang, breit, muskulös.

Sprunggelenk Tief stehend, breit und bemuskelt, mäßig gewinkelt.

Hintermittelfuß Fest und kurz. Afterkrallen sind unerwünscht.

Hinterpfoten Sie können leicht oval sein. Die Zehen sind gewölbt und dicht aneinander liegend, die Ballen dick und elastisch und die Krallen dunkel und kräftig.

Gangwerk Der Bewegungsablauf ist in allen Gangarten lebhaft und frei. Der Belgische Schäferhund zeigt einen guten Galopp, aber die gebräuchlichen Gangarten sind der Schritt und vor allem der Trab. Die Gliedmaßen bewegen sich in einer zur Körperachse parallelen Ebene. Bei großer Geschwindigkeit nähern sich die Pfoten der Mittellinie. Der Trab ist mittelmäßig raumgreifend; die Bewegung ist gleichmäßig und leichtfüßig, mit gutem Schub aus der Hinterhand, wobei die Oberlinie fest bleibt und die Vorderläufe nicht zu hoch angehoben werden. Ständig in Bewegung, scheint der Belgische Schäferhund unermüdlich zu sein. Sein Gangwerk ist schnell, elastisch und lebhaft. Er ist im Stande, bei voller Geschwindigkeit einen plötzlichen Richtungswechsel vorzunehmen. Infolge seines überschäumenden Temperaments und aufgrund seines Wach- und Schutztriebes neigt er deutlich dazu, sich im Kreis zu bewegen.

Haut

Elastisch, aber am ganzen Körper straff anliegend; Lippen- und Lidränder sind stark pigmentiert.

Haarkleid und Varietäten

Da bei den Belgischen Schäferhunden die Länge, die Wuchsrichtung, das Aussehen und die Farbe des Haarkleides verschieden sind, wurde dieses Merkmal als Kriterium für die Unterscheidung der vier Varietäten der Rasse zugrunde gelegt: Groenendael, Tervueren, Malinois und Laekenois. Die vier Varietäten werden gesondert gerichtet und jede ist zur Erlangung eines CAC, eines CACIB oder der entsprechenden Reserveauszeichnungen berechtigt.

Haarbeschaffenheit In allen Varietäten muss das Haar immer dicht, anliegend und von guter Textur sein; es soll zusammen mit der Unterwolle einen ausgezeichneten Schutzmantel bilden.

Langhaar Das Haar ist kurz auf dem Kopf, auf den Außenflächen der Ohren und im unteren Bereich der Gliedmassen außer an der Rückseite des Unterarms, die vom Ellenbogen bis zum Fußwurzelgelenk mit langen Haaren, sogenannten Fransen, versehen ist. Am übrigen Körper ist das Haar lang und glatt, länger und reichlicher um den Hals herum und an der Vorbrust, wo es eine Mähne und eine Schürze bildet. Die Öffnung des Gehörgangs ist durch dichte Haarbüschel geschützt. Von der Basis des Ohres an stehen die Haare ab und umrahmen den Kopf. Die Hinterseite der Schenkel ist von sehr langem und überaus reichlichem Haar bewachsen, welches sogenannte „Hosen" bildet. An der Rute ist das reichlich entwickelte Haar lang und bildet eine Fahne. Der Groenendael und der Tervueren sind langhaarig.

Groenendael und Tervueren sind die beiden langhaarigen Vertreter der Belgischen Schäferhunde.

Kurzhaar Auf dem Kopf, auf den Außenflächen der Ohren und im unteren Bereich der

Der kurzhaarige Malinois ist der am weitesten verbreitete Belgische Schäferhund.

Gliedmassen ist das Haar sehr kurz. Am übrigen Körper ist es kurz, reichlicher an der Rute und um den Hals herum, wo es eine Halskrause bildet, die am Ohransatz beginnt und sich bis zur Kehle ausdehnt. Zudem ist die Hinterseite der Schenkel durch längeres Haar befedert. Die Rute ist ährenförmig mit zum Ende hin längeren, abstehenden Haaren, bildet aber keine Fahne. Der Malinois ist kurzhaarig.

Rauhaar Kennzeichnend für die rauhaarige Varietät ist vor allem die harte und trockene Beschaffenheit des Haars, das zerzaust ist und bei Berührung gleichsam „knistert". Die Länge beträgt überall am Körper etwa 6 cm, aber es ist kürzer auf dem Nasenrücken, an der Stirn und an den Gliedmaßen. Weder in der Umgebung der Augen noch am Fang soll das Haar so reich entwickelt sein, dass es die Form des Kopfes verbergen würde. Dennoch muss ein guter Haarbewuchs am Fang unbedingt vorhanden sein. Die Rute darf keine Fahne bilden. Der Laekenois ist rauhaarig.

Farbe

Maske Bei den Tervueren und den Malinois muss die Maske sehr ausgeprägt sein und möglichst Ober- und Unterlippe, den Lippenwinkel und die Augenlider als einer einheitliche schwarze Fläche umschließen. Als absolutes Minimum muss die Haut an 6 Stellen schwarz pigmentiert sein: an beiden Ohren, beiden oberen Augenlidern und Ober- und Unterlippe.

Schwarze Wolkung Bei den Tervueren und den Malinois verursachen schwarz gefärbte Haarspitzen eine schwarze Wolkung, die die Grundfarbe dunkler schattiert. Diese schwarze Abtönung wirkt stets wie „angehaucht" und darf nie in Form von großen Platten oder von echten Streifen (Stromung) auftreten. Bei den Laekenois ist die schwarze Wolkung weniger deutlich ausgeprägt.

Groenendael Nur einfarbig schwarz.

Tervueren Nur falbfarben-schwarzgewolkt oder grau-schwarz-gewolkt mit schwarzer Maske, vorzugsweise jedoch falbfarben-schwarzgewolkt. Die Falbfarbe soll warm sein, weder hell noch ausgewaschen. Alle Hunde, die anders als falbfarben-schwarzgewolkt sind oder deren Farbnuance der gewünschten Intensität nicht entspricht, können nicht als vorzügliche Exemplare angesehen werden.

Malinois Nur falbfarben-schwarzgewolkt mit schwarzer Maske.

Der rauhaarige Laeken gilt aufgrund seiner Seltenheit als Exot unter den Belgiern.

Laekenois Nur falbfarben, mit Spuren von schwarzer Wolkung, hauptsächlich am Fang und an der Rute.
Bei allen Varietäten ist etwas Weiß an der Vorbrust und an den Zehen zulässig.

Größe, Gewicht und Maße

Widerristhöhe Die gewünschte Größe ist im Durchschnitt 62 cm für Rüden und 58 cm für Hündinnen.
Toleranz: Abweichungen von 2 cm nach unten und von 4 cm nach oben.
Gewicht Ungefähr 25–30 kg für Rüden und ungefähr 20–25 kg für Hündinnen.
Maße Mittlere Normalmaße für einen Belgischen Schäferhundrüden von 62 cm Widerristhöhe.
Länge des Körpers (vom Buggelenk zum Sitzbeinhöcker gemessen): 62 cm.
Kopflänge 25 cm.
Länge des Fangs 12,5–13 cm.

Fehler

Jede Abweichung von den vorgenannten Punkten muss als Fehler angesehen werden, dessen Bewertung in genauem Verhältnis zum Grad der Abweichung stehen sollte und dessen Einfluss hinsichtlich Gesundheit und Wohlbefinden des Hundes.

- **Allgemeines Erscheinungsbild** Schwerfällig, ohne Eleganz; zu leicht oder zu hager; länger als hoch, Gebäude rechteckig.
- **Kopf** Schwer, zu kräftig; obere Begrenzungslinien nicht parallel; ungenügend gemeißelt, nicht genügend trocken; Stirn zu stark gerundet; Stopp zu stark ausgeprägt oder zu flach; Fang zu kurz oder spitz und schwach; Nasenrücken gewölbt. Augenbrauenbögen und Jochbein zu stark hervortretend.
- **Nasenschwamm, Lippen und Augenlider** Spuren von Depigmentierung.

Jede Varietät hat ihre ganz eigene Fellfarbe und -beschaffenheit.

- **Gebiss** Schlecht aufgereihte Schneidezähne. Schwere Fehler: Fehlen eines Schneidezahns, eines Prämolaren 2, eines Prämolaren 3 oder von 3 Prämolaren 1.
- **Augen** Hell, rund.
- **Ohren** Groß, lang, zu breit an der Basis, tief angesetzt, auseinander oder zueinander geneigt.
- **Hals** Dünn, kurz oder tief aufgesetzt.
- **Körper** Zu lang; Rippenkorb zu breit (tonnenförmig).
- **Widerrist** Flach, niedrig.
- **Oberlinie** Rücken und/oder Lenden lang, schwach, eingesunken oder gewölbt.
- **Kruppe** Zu schräg oder überbaut.
- **Unterlinie** Zu wenig oder zu stark aufgezogen; Bauch zu ausgeprägt.
- **Rute** Zu tief angesetzt; zu hoch getragen; Hakenrute, Rute seitlich abweichend.
- **Gliedmaßen** Knochenstruktur zu leicht oder zu schwer; Gliedmassen nicht senkrecht im Profil (z. B. Vordermittelfuß zu schräg, schwache Fußwurzelgelenke), von

Jeder Rassevertreter sollte lebhaft und entschlossen sein und keinen Mangel an Selbstvertrauen zeigen.

vorne gesehen (z. B. zehenweit oder zeheneng, abstehende Ellenbogen) oder von hinten gesehen (z. B. eng gestellte, weit auseinander stehende oder fassförmige hintere Gliedmassen, kuhhessige oder nach außen gedrehte Sprunggelenke); zu geringe oder zu starke Winkelungen.

- **Pfoten** Gespreizt.
- **Gangwerk** Bewegung gehemmt, kurztrittig; zu wenig Schub, ungenügende Übertragung durch den Rücken; steppender Gang.
- **Haarbeschaffenheit** In allen 4 Varietäten: ungenügende Entwicklung der Unterwolle. **Groenendael und Tervueren** Haar wollig, gewellt oder gelockt; nicht lang genug. **Malinois** Haar halblang, wo es kurz sein sollte; sehr kurzes Haar; im Kurzhaar verteilte raue Haare; gewelltes Haar. **Laekenois** Haar zu lang, seidig, gewellt, gekräuselt oder kurz; im Rauhaar verstreute Strähnen feiner Füllhaare; Haar in der Umgebung der Augen oder im unteren Bereich des Kopfes zu lang; Rute buschig.
- **Farbe** In allen vier Varietäten: Großer schürzenförmiger weißer Brustfleck; Weiß an den Pfoten, das über die Zehen hinausreicht. **Groenendael** Roter Schimmer im schwarzen Haar; graue „Hosen". **Tervueren** Graue Farbe. **Tervueren und Malinois** Stromung; nicht ausreichend warmer Farbton; zu starke oder zu geringe schwarze Wolkung, Wolkung am Körper plattenförmig verteilt; ungenügend ausgebildete Maske. **Tervueren, Malinois und Laekenois** Zu helle Falbfarbe; eine stark abgeschwächte, sogenannte ausgewaschene Grundfarbe soll als schwerer Fehler gewertet werden.
- **Verhalten/Charakter (Wesen)** Mangel an Selbstvertrauen, übertriebene Nervosität.

Ausschließende Fehler

- **Verhalten/Charakter (Wesen)** Ängstlichkeit, Aggressivität.
- **Allgemeines Erscheinungsbild** Fehlen von Rassetyp.
- **Gebiss** Rückbiss, Vorbiss auch ohne Kontaktverlust (umgekehrtes Scherengebiss); Kreuzbiss; Fehlen eines Eckzahns (1 C), eines Reißzahns (1PM4 im Oberkiefer, 1 M1 im Unterkiefer), eines Molaren (1 M1 oder 1 M2 außer den M3) oder eines Prämolaren 3 (1 PM3) zusätzlich zu einem anderen Zahn; Fehlen von insgesamt drei oder mehr Zähnen (die Prämolaren 1 nicht mitberechnet).
- **Nasenschwamm, Lippen und Augenlider** Stark depigmentiert.
- **Ohren** Hängeohren oder künstlich aufgerichtete Ohren.
- **Rute** Fehlende oder kurze Rute, von Natur aus oder kupiert; zu hoch getragene und geringelt oder aufgerollt.

Die Andersfarbigen

Bis heute fallen bei den Tervueren immer wieder auch Welpen in Grau- und Beigetönen (sable), die eigentlich gemäß FCI-Standard unerwünscht sind. Diese Farben lassen sich noch auf die züchterischen Anfangszeiten zurückführen, als die Besitzer andersfarbiger Hunde die Festlegung des Rotbraun (fauve) als einzig korrekte Farbe der Tervueren boykottierten. Sie gründeten einen extra Club, der einige Jahre bestand und züchteten darin nach ihren eigenen Vorstellungen. Viele der grauen Tervueren von damals hatten Groenendael-Vorfahren. Einige gewannen auch erste Preise auf Schönheitsschauen und brachten somit die Vorgabe der eigentlich verlangten rotbraunen Farbe heftig ins Wanken. Weitere andersfarbige Schäferhunde wurden hervorgebracht, als man die Zuchtbestimmungen während des 1. Weltkrieges bis in die 1970er-Jahre hinsichtlich der Verpaarung unterschiedlicher Farben und Fellarten miteinander lockerte, um die Zucht der Belgischen Schäferhunde allgemein zu retten. Noch heute haben Tervueren in Grau- und Brauntönen eine eingefleischte Fangemeinde.

- **Haarbeschaffenheit** Fehlen der Unterwolle.
- **Haarfarbe** Alle Farben, welche denen der zuvor beschriebenen Varietäten nicht entsprechen; zu ausgedehnte weiße Abzeichen an der Vorbrust, besonders wenn diese sich bis zum Halsansatz ausdehnen; Weiß an den Pfoten, das sich über die halbe Höhe von Vorder- oder Hintermittelfuß hinaus ausdehnt und „Socken“ bildet; weiße Abzeichen außer an der Vorbrust und an den Zehen; bei den Tervueren und den Malinois Fehlen der Maske und Farbe des Fangs heller als das übrige Haarkleid.
- **Größe** Außerhalb der genannten Grenzen.
- Hunde, die deutlich physische Abnormalitäten oder Verhaltensstörungen aufweisen, müssen disqualifiziert werden.

Ängstlichkeit und Aggressivität sind zuchtausschließende Merkmale.

Nachbemerkung

Rüden müssen zwei offensichtlich normal entwickelte Hoden aufweisen, die sich vollständig im Hodensack befinden.

Kreuzungen-Paarungen zwischen Hunden verschiedener Varietäten

Paarungen zwischen Hunden verschiedener Varietäten sind verboten. In Sonderfällen können von den zuständigen nationalen Zuchtkommissionen Ausnahmebewilligungen erteilt werden (Reglement 1974, Paris).

Verhalten und Charakter

Belgische Schäferhunde sind grundsätzlich sehr sportliche Hunde, die gefordert werden müssen, um ausgeglichen und glücklich zu sein.

In Vielem sind sich die vier Belgischen Schäferhunde sehr ähnlich, aber nicht in allem, so gibt es durchaus auch charakterliche Unterschiede zwischen den einzelnen Varietäten.
Alle Belgischen Schäferhunde sind absolute Familientiere. Sie brauchen unbedingt engen Kontakt zu ihren Leuten, sind sehr anhänglich, gutmütig, liebevoll und treu. Für ihre Familie würden sie sprichwörtlich durchs Feuer gehen. Ihr gegenüber sind sie äußerst zuverlässig und loyal.
Für die einstigen Arbeitshunde versteht es sich von selbst, dass sie viel Bewegung bei jedem Wetter brauchen und eine Aufgabe, die sie auch geistig fordert. Langweilen sich die Hunde, suchen sie sich schnell selbst eine Beschäftigung und entwickeln daraus nicht selten allerhand Marotten.
Bei einer angemessenen Auslastung zeigen sich alle vier Belgier im Haus ausgeglichen und ruhig. Zwischendurch fordern sie immer wieder Streicheleinheiten und Schmusestunden ein und mutieren, wenn sie dürfen, auch gerne mal zu Riesenschoßhunden. In Haus und Garten sind die stattlichen Vierbeiner sehr wachsam, trotzdem aber bellen sie meist nur,

Ein Belgischer Schäferhund braucht unbedingt eine Aufgabe, die ihn auch geistig auslastet.

Schmusen steht bei den Belgiern hoch im Kurs.

wenn sie einen echten Grund dafür sehen. Verdächtiges entgeht ihnen nicht und im Notfall handeln sie der Situation angemessen. Belgische Schäferhunde verfügen in der Regel über eine hohe Reizschwelle und Nervenstärke. Es versteht sich jedoch von selbst, dass diese Eigenschaften niemals im negativen Sinne ausgenutzt werden dürfen. Andererseits machen sie gerade diese Wesenszüge auch zu begehrten Dienst- und Therapiehunden.

Die hübschen Vierbeiner sind auch sehr gesellig. Meist zeigen sie zwar fremden Menschen gegenüber zunächst distanzierte Zurückhaltung, wer jedoch einmal ihr Herz erobert hat, gewinnt sofort einen Freund fürs Leben. Es gibt natürlich auch Rassevertreter, die jeden Besucher sofort freudig oder gar stürmisch empfangen und außerdem solche, die manche Menschen dauerhaft ignorieren.

Werden die intelligenten Vierbeiner schon im Welpenalter gut sozialisiert, sind sie in der Regel auch später noch sehr verträglich mit Artgenossen. An andere Haustiere gewöhnen sich die einstigen Hütehund schnell und nehmen sie respektvoll in ihr Rudel auf.

Instinktsicherer Begleiter

Belgische Schäferhunde zeichnen sich durch einen sehr ehrlichen Charakter aus. Sie verfügen über viel Verstand, der immer kontrolliert reagiert. Bei allem Temperament wissen die einfühlsamen Vierbeiner genau, wann sie vorsichtig und zart sein müssen, beispielsweise im Umgang mit Behinderten, älteren Menschen und Kindern, die sie übrigens sehr lieben (eine optimale Sozialisation beider Seiten vorausgesetzt). Sie sind sehr aufmerksame Beobachter, die unterschiedliche Stimmungslagen ihrer Leute sofort wahrnehmen. Außerdem lassen sie eine sehr subtile Körpersprache und ausgeprägte Mimik erkennen, mit der sie genau anzeigen, wie es ihnen gerade geht. Diese Ausdrucksweise zu verstehen, muss ein Halter erst einmal lernen. Hierfür ist besonders viel Einfühlungsvermögen und Sensibilität nötig. Zwei Eigenschaften, die auch in der Erziehung der empfindsamen Vierbeiner unverzichtbar sind.

Das Verhaltensrepertoire der Belgischen Schäferhunde ist noch sehr ursprünglich und verfügt über ausgezeichnete Instinkte. Zudem haben die Hunde ein enormes Gedächtnis, das nichts vergisst, seien es gute oder schlechte Erlebnisse.

Die hübschen Vierbeiner gelten als sehr instinktsicher, ehrlich und aufmerksam.

Belgische Schäferhunde haben ein sehr einfühlsames Wesen, das sich genau auf die jeweilige Stimmungslage eines Menschen einstellen kann.

Treue Freunde für einfühlsame Menschen

Für ihre Menschen tun die Belgischen Schäferhunde fast alles, wenn sie viel Zuwendung, Anerkennung und Lob bekommen. Die sensiblen Vierbeiner sind allesamt sehr aufmerksam, intelligent und lernwillig. Außerdem können sie, berufsbedingt, eine enorme Ausdauer an den Tag legen.

In der Erziehung ist eine ruhige, einfühlsame Hand von Nöten, die den Belgischen Schäferhund mit liebevoller Konsequenz und klaren Regeln führt. Härte und Drill ist bei den Belgiern fehl am Platz; dadurch würden sie nur verstört, ängstlich oder nervös werden. Ein optimales Vertrauensverhältnis wäre somit also nicht gegeben. Stimmt jedoch die Chemie zwischen dem schönen Schäfer und seinem Halter, himmelt der Vierbeiner seinen Menschen regelrecht an und lässt ihn keinen Moment aus den Augen. Die Erziehung gestaltet sich dann relativ einfach, denn die Hunde arbeiten sehr gerne zusammen mit ihrem Menschen im Team. Dabei möchten sie gefallen und stets alles richtig machen.

Spätzünder mit Spaßvogelqualitäten

Als Spätentwickler, die erst mit etwa zwei Jahren voll ausgereift sind, sprechen Belgische Schäferhunde sehr gut auf eine spielerische Erziehung an. Sie sind generell sehr verspielt, oft sogar bis ins hohe Alter. Auch legen die cleveren Temperamentsbündel häufig eine große Schlitzohrigkeit an den Tag. Gekonnt setzen sie sich in Szene und wickeln inkonsequente Menschen blitzschnell mit viel Charme und Raffinesse zu ihren Gunsten um den Finger. Schwächen ihres Führers durchschauen sie sofort: Sie wissen genau, wie weit sie gehen können, um noch knapp einer Bestrafung zu entkommen.

Gerade in den ersten zwei Lebensjahren benötigen die Hunde sehr viel Zeit und Aufmerksamkeit. Außerdem brauchen sie einen absolut zuverlässigen Menschen an ihrer Seite, der ihnen geduldig und stets freundlich, aber den-

Der intelligente Vierbeiner ist für jeden Spaß zu haben.

noch bestimmt und mit viel Lob klar macht, wo es lang geht. Für nervöse Hektiker oder ungeduldige Miesepeter ist ein Belgischer Schäferhund deshalb sicherlich nicht geeignet, denn eine schlechte Stimmung überträgt sich sofort auf den sensiblen Vierbeiner. Ebenso wenig gehört er in die Hände von übertrieben ehrgeizigen Leuten.
Unternehmungslustige Outdoorfans, für die Einfühlungsvermögen, Geduld und Humor, aber auch liebevolle Konsequenz keine Fremdwörter sind, finden im Belgischen Schäferhund hingegen einen äußerst liebenswerten, treuen und temperamentvollen Begleiter, der gerne mit seinen Menschen durch Dick und Dünn geht.

Der Malinois verfügt über sehr viel Temperament und großen Arbeitseifer; beides muss er auch ausleben dürfen.

Wesensunterschiede auf einen Blick

Der **Malinois** wird bis heute überwiegend als Gebrauchshund gezüchtet und eingesetzt. Daher sind bei ihm der Arbeitstrieb und eine gewisse Härte etwas stärker ausgeprägt als bei seinen drei Brüdern. Trotzdem gilt er, wie die anderen Belgier auch, als sehr sensibel. Diese Mischung macht ihn nicht unbedingt zum idealen Anfängerhund. Hat er nicht die Möglichkeit, seine unbändige Energie in einer entsprechend anspruchsvollen Beschäftigung auszuleben, sucht er sich schnell selbst eine Aufgabe, die in einer übertriebenen Wachsamkeit bis hin zur neurotischen Zerstörungswut enden kann. Er verfügt über einen großen Beschützerinstinkt, der von Anfang an in richtige Bahnen gelenkt werden muss. Alles in allem ist der Malinois sicherlich der anspruchsvollste unter den Belgischen Schäferhunden. Bei einer entsprechenden Auslastung zeigt er sich aber genauso liebenswert und freundlich wie seine drei Brüder.

Der **Groenendael** gilt als äußerst fröhlicher Familienhund. Wie die drei anderen Belgier auch, braucht er viel Beschäftigung. Heutzutage ist der schöne Schwarze eher im Agility-Sektor zu Hause als im Schutzdienst. Mit Hilfe seines stark ausgeprägten Spiel- und Beutetriebs lässt er sich sehr gut ausbilden. Sein selbstbewusstes Wesen verlangt allerdings einen bestimmten, aber dennoch liebevollen und konsequenten Umgang mit ihm. Er eignet sich durchaus auch für eine Großfamilie, denn er mag gerne Leben im Haus. Der elegante

Der Groenendael ist ein liebevoller Familienhund, der gut über seinen stark ausgeprägten Spieltrieb ausgebildet werden kann.

Der Tervueren gilt als leichtführiger Gute-Laune-Hund, der andererseits aber auch sehr sensibel ist.

Vierbeiner liebt es, mit Kindern auf Abenteuersuche zu gehen und ausgelassen zu toben. Gerne steht er im Mittelpunkt und freut sich, wenn er an allem teilhaben darf. Der Groenendael ist ein wachsamer und zuverlässiger Beschützer seiner Familie.

Der **Tervueren** ist das Sensibelchen unter den Belgiern. Er ist ein echtes Temperamentsbündel, das für jeden Spaß zu haben ist. In einer ruhigen, souveränen und festen, aber auch sehr liebevollen Hand wird er zum eifrigen Allrounder, der seinen Menschen gefallen möchte. Bekommt er viel Zuwendung, Beschäftigung und Freiheit ist er ein leichtführiger Gute-Laune-Hund, der ausgelassene Fröhlichkeit und Lebensfreude versprüht.
Grundsätzlich unterscheiden sich Groenendael und Tervueren von ihrem Wesen her kaum. Es gibt bei beiden Varietäten robuste, aber auch sensible Vertreter. Beide sind sehr lerneifrige und äußerst menschbezogene Hunde, die bei einer Zwingerhaltung zugrunde gehen würden. In Frankreich, aber auch in anderen Ländern fallen sogar immer wieder gemischte Würfe aus Groenendael und Tervueren.

Der **Laekenois** verfügt über viel Temperament. Er ist aufmerksam und anpassungsfähig. Selbst eine Horde tobender Kinder bringt ihn nicht so leicht aus der Ruhe. Der Laekenois ist ein sehr souveräner, gelassener und robuster Hund, der auch durch eine besondere Pfiffigkeit und großen Lerneifer besticht. Da der intelligente Vierbeiner durchaus seinen eigenen Kopf hat, ist in seiner Erziehung außerordentliche Konsequenz und eine ganz klare Linie notwendig. Aufgrund seines ausgeglichenen, in sich ruhenden Wesens eignet er sich hervorragend als Diensthund. Aber auch als reiner Familienhund macht er eine gute Figur, viel Bewegung und eine auslastende Beschäftigung natürlich vorausgesetzt.

Der Laekenois ist ein sehr pfiffiger, souveräner Hund, der durchaus seinen eigenen Kopf hat, den er auch gerne mal durchsetzen möchte.

Der Malinois sticht inzwischen den Deutschen Schäferhund in vielen Gebrauchshundesparten aus, da er kleiner, wendiger und reaktionsschneller ist.

Die Belgischen Schäferhunde heute

Malinois, Groenendael & Co. sind bis heute ausgezeichnete Arbeitshunde, deren Wesen geprägt ist von Charakterstärke, Intelligenz, Ausdauer, Kraft und Mut. Zudem verfügen sie über eine feine Nase und instinktsichere Handlungsweisen. Diese hervorragenden Anlagen machen sie zu sehr vielseitig einsetzbaren Alleskönnern.

Bereits während der beiden Weltkriege galten die intelligenten Vierbeiner als wichtige Helfer an der Front. Damals mussten die Hunde beispielsweise Nachrichten überbringen, Verletzte suchen, Veteranen erheitern und Blinde begleiten.

Heutzutage ist der Malinois hierzulande am meisten verbreitet. Er ist inzwischen in nahezu allen Gebrauchshundesparten zu Hause. Da er deutlich kleiner, wendiger und reaktionsschneller als der Deutsche Schäferhund ist, nimmt seine Popularität gerade im Diensthundesektor stetig zu, aber auch auf freizeitmäßigen Hundesportplätzen ist er nicht mehr wegzudenken. Tervueren und Groenendael sind nicht ganz so oft anzutreffen. Unter Liebhabern haben sie jedoch eine eingefleischte Fangemeinde. Ein echter Geheimtipp hingegen ist nach wie vor der Laekenois. Ihn sieht man nur äußerst selten. Aufgrund seines zottigen Aussehens wird er auch häufig nicht als Rasse erkannt, sondern vielmehr für eine sehr gelungene Mischung gehalten.

Arbeitshund sucht Aufgabe

Wird ein Belgischer Schäferhund rein als Familienbegleithund gehalten, wie es gerade bei Tervueren und Groenendael zumeist der Fall ist, braucht der einstige Arbeitshund trotzdem eine angemessene Auslastung, die ihn fordert und auspowert. Nur so können die hübschen Vierbeiner ihre positiven Wesenszüge voll und ganz entfalten. Etliche Belgische Schäferhunde sind daher im Hundesportsektor zu finden. Bei der Auswahl der passenden Sportart sind die temperamentvollen Vierbeiner nicht wählerisch: Agility macht ihnen genauso viel Spaß

Werden die Belgischen Schäferhunde angemessen ausgelastet, sind sie auch gut als reine Familienhunde zu halten.

wie Turnierhundesport oder die hobbymäßige Fährtensuche. Manche Belgier, vor allem Malinois', werden auch zu Schutzhunden ausgebildet; Grundvoraussetzung hierfür ist ein perfekt sozialisierter und erzogener Vierbeiner sowie ein seriöses Training unter fachkundiger Anleitung. Diese Ausbildung erfordert sehr viel Fingerspitzengefühl, Kompetenz und Hundeerfahrung.

Als Reitbegleithunde sind die ehemaligen Schafshüter ebenfalls gut geeignet.

Mit ihrer feinen Nase geben sie außerdem hervorragende Leichen-, Drogen-, Sprengstoff- oder Schimmelspürhunde ab. Auch zur Fährten- und Flächensuche sowie zum Mantrailing werden sie eingesetzt. Selbst als Rettungshunde für den Lawinen- und Trümmer-

Fährtensuche, Flächensuche und Mantrailing

Drei ähnlich klingende Begriffe, die für den Laien schwer zu unterscheiden sind. Alle drei Arten beinhalten die Suche nach vermissten Personen.

Bei der Fährtensuche sucht der Hund anhand der Bodenverwundung (z. B. durch Fußabdrücke) nach einem Menschen. Der Vierbeiner ist dabei durch eine 10-m-Leine mit seinem Führer verbunden.

Die Flächensuche findet meist in unwegsamem Gelände oder in großen Waldflächen statt. Speziell ausgebildete Hunde durchstöbern die Gegend auf menschliche Witterung hin und dürfen nur Personen anzeigen (durch Verbellen), die sitzen, kauern, liegen oder sich kaum bewegen.

Beim Mantrailing sucht der Vierbeiner an einer langen Feldleine eine bestimmte Person anhand einer Geruchsprobe (z. B. Kleindungsstück). Die Suche beginnt am Ort des Verschwindens der Person, diese Stelle muss also bekannt sein.

Alle Belgier zeichnen sich durch eine hervorragende Nase aus, daher sind sie auch sehr gut für die Fährtensuche, Mantrailing & Co. geeignet.

einsatz machen die intelligenten Vierbeiner eine gute Figur. Vor Ausbildungsbeginn zum Rettungshund erfolgt eine eingehende Prüfung auf Wesensfestigkeit und Nasenarbeit, denn nur physisch und psychisch völlig gesunde Hunde sind für diese Arbeit geeignet.

Sensibler Freund für Menschen mit Handicap

Blinden Menschen ist der Belgische Schäferhund ein zuverlässiger und treuer Führhund. Aufgrund seiner ausgesprochenen Intelligenz und Anhänglichkeit ist er in diesem „Beruf" zunehmend begehrt.
Als Gehörlosenhund macht der clevere Vierbeiner hörgeschädigte Menschen auf Geräusche aufmerksam. Epileptikern kann er, nach einer speziellen Ausbildung, Frühsymptome eines Krampfanfalles anzeigen.
Auch als Behindertenbegleithunde kommen die sensiblen Vierbeiner zum Einsatz. Voraussetzungen für die Ausbildung sind Lernwilligkeit, Unterordnungsbereitschaft, eine hohe Reizschwelle, Aggressionsfreiheit und Apportierfreude. Neben den praktischen Hilfestellungen im Alltag, die der Belgische Schäferhund gehandicapten Menschen gibt, ist auch die positive psychologische Wirkung solch eines vierbeinigen Helfers nicht zu unterschätzen. Ein Behindertenbegleithund verhilft zu neuem Selbstbewusstsein. Er trägt maßgeblich dazu bei, eventuelle Hemmschwellen zu überwinden und verschafft Herrchen oder Frauchen schnell Kontakte zu anderen Hundebesitzern.
Wegen seiner Feinfühligkeit, Menschenfreundlichkeit und seines liebenswerten, souveränen Auftretens ist das intelligente Arbeitstier ebenfalls ein toller Therapiehund. Altenheime, Krankenstationen oder Einrichtungen für Behinderte, die jemals mit einem Belgischen Schäferhund zusammenarbeiten durften, möchten ihn nicht mehr missen. Vor allem Kinder finden in dem sensiblen Vierbeiner einen liebevollen und zarten Seelentröster, wenn es darauf ankommt aber auch einen lustigen Clown, der gekonnt, mit viel Charme und drolligem Geschick, von Alltagsproblemen und Krankheiten ablenkt.
Die Belgischen Schäferhunde sind also sehr vielseitige Vierbeiner, die eigentlich in allen Arbeits- und Sportbereichen eine gute Figur machen.

Die vielseitigen Vierbeiner machen wegen ihrer Menschenfreundlichkeit, ihrer Feinfühlichkeit und ihres liebenswerten Wesens auch als Therapiehunde eine gute Figur.

Anforderungen an den Halter

Auch wenn er noch so verlockend aussieht, überlegen Sie sich die Anschaffung eines Belgischen Schäferhundes gut.

Fragen, die vorab zu klären sind

Überlegen Sie die Anschaffung eines Belgischen Schäferhundes gut, immerhin liegt seine durchschnittliche Lebenserwartung bei etwa 13 Jahren. Bedenken Sie daher schon im Vorfeld genau, ob es Ihnen finanziell möglich ist, für sämtliche Kosten, die der Hund mit sich bringt, über Jahre hinweg aufzukommen. Neben den Kosten für die Grundausstattung sowie für den Erwerb des Hundes selbst, schlägt sich die tägliche Futterration auf Dauer gesehen natürlich deutlich in Ihrem Geldbeutel nieder. Zusätzlich müssen Sie eine Haftpflichtversicherung sowie regelmäßige Impfungen und Entwurmungen bezahlen. Schnell

Denken Sie unbedingt an die Kosten, die ein Belgischer Schäferhund im Laufe seines Lebens mit sich bringt.

kann Ihr Vierbeiner auch unvorhergesehen erkranken, unter Umständen sind sogar langwierige und teure tierärztliche Behandlungen nötig.

Hinterfragen Sie außerdem, ob die äußeren Gegebenheiten stimmen. Haben Sie genug Platz für einen großen Hund wie den Belgischen Schäferhund? Der freiheitsliebende Naturbursche wird sicherlich nicht in einem Hochhaus einer Innenstadt glücklich. Auch die Zwingerhaltung, etwa aus Platzmangel in der Wohnung, ist nicht geeignet, denn das anhängliche Sensibelchen blüht nur bei engem Menschenkontakt richtig auf. Am wohlsten fühlt sich der temperamentvolle Vierbeiner in einem ländlichen Heim mit Garten. Wichtig ist dabei ein genügend hoher, intakter Gartenzaun, damit sich Ihr Belgischer Schäfer nicht plötzlich unerlaubt aus dem Staub macht. Das enorme Sprungtalent der Hunde ist dabei nicht zu unterschätzen. Mit einem guten Zaun allerdings kann sich der Vierbeiner auch unbeaufsichtigt draußen aufhalten, ohne zu entwischen. Die meisten Belgier begleiten Ihren Menschen allerdings auf Schritt und Tritt auch innerhalb des Hauses, sodass er sich vielleicht gar nicht ohne Sie im Garten aufhalten wird.

Stellen Sie sich als zukünftiger Hundebesitzer außerdem darauf ein, dass ein vierbeiniger Mitbewohner viel Dreck ins Haus bringt. Vergessen Sie ebenfalls den Fellwechsel nicht, der sich im wahrsten Sinne des Wortes auch an

Vergessen Sie gerade bei den langhaarigen Rassevertretern nicht, dass diese auch viel Dreck mit ins Haus bringen.

Lassen Sie sich nicht von Ihren Kindern überreden. In erster Linie müssen Sie eine Hundeanschaffung wollen, denn Sie werden auch die Hauptarbeit damit haben.

Ihren Kleidern, Polstermöbeln und Teppichen niederschlägt.

Fragen Sie nach, ob Ihr Vermieter mit der Anschaffung eines Hundes einverstanden ist. Erkundigen Sie sich auch, ob Sie den Hund, bei Abwesenheit aller anderen Familienmitglieder, mit ins Büro nehmen dürfen. Denken Sie an die Ferienzeit: Sind Sie gewillt, in zukünftigen Urlauben mit Hund eventuelle Abstriche, Zielort und Unternehmungen betreffend, zu machen? Wollen Sie ohne Vierbeiner verreisen, überlegen Sie vorab, ob Sie einen lieben Hundesitter an

Bedenken Sie unbedingt ...

Schaffen Sie den Hund nicht für Ihre Kinder an, sondern für sich: Schnell verlieren Kinder das Interesse oder gehen, flügge geworden, aus dem Haus. Sie müssen voll und ganz hinter einer Hundeanschaffung stehen, denn die Hauptarbeit bleibt unter Umständen bald an den Eltern hängen.

der Hand hätten oder eine gute Hundepension bezahlen können. Auch manche Züchter nehmen ihren ehemaligen Nachwuchs gerne wieder in Pflege; fragen Sie schon bei der Anschaffung Ihres Welpen nach.

Rassebedürfnisse

Passen die finanziellen und äußeren Gegebenheiten optimal zu einer Hundeanschaffung, überlegen Sie sich, ob Sie auf Dauer, das heißt ein Hundeleben lang, genügend Zeit und Lust haben, den Ansprüchen eines Belgischen Schäferhundes gerecht zu werden.
Aufgrund ihrer großen Anpassungsfähigkeit, ihres sehr sozialen, liebenswerten Wesens und ihrer Charakterfestigkeit eignen sich Groenendael, Tervueren & Co. hervorragend als Familienhunde. Unternehmungslustige Singles, die mit einfühlsamem Hundeverstand auf das sensible Wesen des anhänglichen Vierbeiners eingehen, finden im Belgischen Schäferhund ebenfalls einen Freund fürs Leben. Bedenken Sie jedoch: Alle Belgier sind temperamentvolle

Belgische Schäferhunde sind sehr zeitaufwändig, da sie viel Ansprache und Beschäftigung brauchen.

Die temperamentvollen Naturburschen sind nicht unbedingt für Hundeanfänger geeignet.

Energiebündel, die unbedingt gefordert werden müssen, um ausgeglichen und glücklich zu sein. Die intelligenten Vierbeiner brauchen täglich viel Auslauf und zwar bei jedem Wetter. Dabei müssen sie die Möglichkeit haben, sich richtig auszupowern und dürfen nicht nur an der kurzen Leine geführt werden. Grundsätzlich sind die vier Belgier nicht unbedingt für Hundeanfänger geeignet, denn die intelligenten Vierbeiner bemerken sofort jeden noch so kleinen Führfehler und merken sich diesen. Für erfahrene Halter bedeutet diese Eigenschaft der Hunde hingegen eine ausgesprochene Leichtführigkeit.
Belgische Schäferhunde sind die idealen Freizeitbegleiter für sportliche Menschen, die sich gerne täglich an der frischen Luft bewegen, ob joggend, walkend, wandernd, Rad fahrend oder reitend ist dabei ganz egal. Für Hundesport jeglicher Art sind die agilen Vierbeiner ebenfalls absolut zu begeistern. Trägen Stubenhockern sei dringend von einer Anschaffung abgeraten, denn die intelligenten Belgier sind richtige Arbeitstiere, die am liebsten gemeinsam mit ihren Leuten etwas unternehmen. Kreative Action und Humor dürfen dabei nicht zu kurz kommen. Abwechslung ist bei

ihnen Trumpf. Damit sie sich nicht langweilen, darf Kopfarbeit nie fehlen. Überlegen Sie sich unbedingt vorab, ob Sie wirklich gewillt sind, Ihrem wedelnden Freizeitpartner die Freude zu machen, mindestens einmal in der Woche auf einem Hundesportplatz oder mit anderen Aktivitäten zu verbringen. Belgische Schäferhunde benötigen also generell sehr viel Zeit und Aufmerksamkeit.

Hauptsache Abwechslung

Bei vielen Belgischen Schäfern steht Apportieren hoch im Kurs. Rasseinteressenten dürfen sich also nicht daran stören, dass sich ihr zukünftiger Hausgenosse eventuell selbstständig Apportieraufgaben im Haushalt sucht. Andererseits kann dieses Talent gut als Beschäftigung ausgenutzt werden, beispielsweise in Form eines Dummy-Trainings auf dem Hundeplatz.
Die meisten Rassevertreter sind außerdem große Wasserratten, die selbst vor schmutzigen und schlammigen Wasserpfützen, geschweige denn dem akkurat angelegten Gartenteich nicht Halt machen. Allzu penible Menschen werden daher möglicherweise nicht glücklich mit dem nässeliebenden Vierbeiner.
Da Belgische Schäferhunde auch eine sehr lustige Art haben, darf im Umgang mit ihnen ein stetes Augenzwinkern nicht fehlen, neben Konsequenz natürlich, die bei den hochintelligenten Vierbeinern ebenfalls sehr wichtig ist. Sie brauchen allesamt eine klare Linie, an der sie sich orientieren können sowie genaue Grenzen, an die sie sich halten müssen. Ansonsten kann einem ein Belgier aufgrund seiner unglaublichen Cleverness auch ganz schön auf der Nase herumtanzen oder gar über den Kopf wachsen.
Stimmt die Chemie zwischen Ihnen und Ihrem Schäfer, wird es nichts geben, was der anhängliche Vierbeiner nicht für Sie tut. Menschen, die einen Belgischen Schäferhund rein als Prestigeobjekt ansehen oder den Hund nur aufgrund seines hübschen Aussehens anschaffen, werden auf Dauer nicht glücklich mit einem fordernden Lebewesen wie es ein Hund nun mal ist; auch der Vierbeiner hat hier vermutlich schlechte Karten, mit all seinen Bedürfnissen voll zum Zug zu kommen.
Ist es Ihnen möglich, einen Belgischen Schäferhund gänzlich in Ihr Leben zu integrieren, geht es nun an die Auswahl des Hundes.

Kein kleiner Hund …

Denken Sie vor der Anschaffung eines Belgischen Schäferhundes auch an die Masse des ausgewachsenen Hundes. Sie brauchen so viel körperliche Kraft, dass Sie Ihren Vierbeiner im Notfall auch einmal tragen bzw. heben können. Außerdem müssen Sie kräftemäßig in der Lage sein, einen Schäferhund zu halten, wenn er mal eine Katze jagen oder einen feindlich gesonnenen Artgenossen angehen möchte.

Eine klare Linie und Konsequenz ist Pflicht in seiner Erziehung, ansonsten macht er mit seinen Menschen, was er will.

Entscheiden Sie sich für einen Welpen, bekommen Sie einen Rohdiamanten, den Sie erst schleifen müssen.

Welpe oder erwachsener Hund?

Steht für Sie die Anschaffung eines Belgischen Schäferhundes fest, überlegen Sie sich, ob Sie einen Welpen oder einen erwachsenen Vierbeiner aufnehmen wollen. Ein Welpe ist wie ein Rohdiamant, den Sie erst schleifen müssen. Dies kostet viel Zeit und Geduld, aber sicherlich auch Nerven und Anstrengungen. Ein junger Hund verlangt ständige Zuwendung, anfangs sogar nachts. Es dauert eine Weile bis der kleine Kerl stubenrein ist. Außerdem muss er sich an fremde Menschen, Tiere und einen normalen Alltag gewöhnen, und er muss erst lernen, alleine zu bleiben. Zunächst benötigt ein Welpe drei- bis viermal am Tag Futter. Mehrere kurze Spaziergänge sind für den sich noch im Wachstum befindlichen, instabilen Bewegungsapparat des Hundekindes, auf den sich zu viel Belastung folgenschwer auswirken kann, sinnvoller als ein ganz langer. Die Erziehung eines jungen Hundes sowie die eventuell etwas renitente Flegelphase werden Sie voll und ganz fordern. Andererseits lässt sich ein Welpe noch gut formen, er entwickelt sich also größtenteils genau zu dem, zu dem Sie ihn machen. Dies gilt natürlich auch im negativen Sinne: Haben Sie nicht von Anfang an eine klare Linie in Ihrer Erziehung, bekommen Sie bald einen aufsässigen, verzogenen Fratz, der Ihnen im Erwachsenenalter schnell über den Kopf wächst.

Mit einem älteren Vierbeiner kann dagegen schon etwas mehr Ruhe in Form einer ausgereiften Hundepersönlichkeit bei Ihnen einziehen. Ein erwachsener Belgischer Schäferhund ist höchstwahrscheinlich aus dem Gröbsten raus, er ist stubenrein, ist mit Halsband und Leine vertraut, kann ab und zu mal alleine bleiben und kennt mindestens die erzieherischen Grundkommandos wie Sitz, Platz, Hier und Pfui – vorausgesetzt natürlich, er genoss bis zu diesem Zeitpunkt ein gutes Zuhause mit einer entsprechenden Prägung. Ist Ihnen allerdings die vollständige Lebensgeschichte Ihres Schäfers bis zum Zeitpunkt des Einzuges bei Ihnen unbekannt, kaufen Sie möglicherweise die „Katze im Sack“. Der genaue Charakter, eventuelle Macken und das Verhalten des Vierbeiners zeigen sich erst im alltäglichen Zusammenleben. Daher kann die Aufnahme eines erwachsenen Hundes eher etwas für Kenner sein. Eindeutige Regeln und Grenzen sind sehr wichtig für ein harmonisches Miteinander, deshalb muss dem neuen Familienmitglied seine untergeordnete Stellung im Rudel von Anfang an klargemacht werden. Hunde-unerfahrene Menschen entscheiden sich also besser für einen Welpen als für einen gänzlich unbekannten erwachsenen Vierbeiner. Ersthalter können mithilfe einer guten Hundeschule gemeinsam mit ihrem Welpen wachsen und lernen. Der Einzug eines Welpen erleichtert auch das Zusammengewöhnen mit eventuellen weiteren Haustieren. Halten Sie bereits einen oder mehrere Hunde, hat ein Welpe noch mehr Narrenfreiheit und wird eher spielerisch, aber doch bestimmt in die Rangordnung der anderen Rudelmitglieder eingewiesen. Bei einem erwachsenen, voll ausgereiften Neuzugang können dagegen gleich heftige Kämpfe um die Rudelposition ausbrechen.

Lassen Sie Ihrem Belgier genügend Zeit und Freiraum, sein neues Zuhause ausgiebig auf eigene Faust zu erkunden.

Ein älterer Vierbeiner ist meist schon aus dem Gröbsten raus, vorausgesetzt natürlich, er genoss bis dahin eine gute Sozialisierung und Erziehung.

Beachten Sie auch ...

Lassen Sie Ihrem vierbeinigen Neuzugang viel Zeit für die ***Eingewöhnung****. Am besten nehmen Sie sich Urlaub, damit Sie sich erst einmal gegenseitig in Ruhe kennenlernen können. Springen Sie trotzdem nicht den ganzen Tag nur um Ihr neues Familienmitglied herum. Geben Sie Ihrem Hund genug Freiraum, sein jetziges Zuhause selbst zu erkunden. Zeigen Sie ihm andererseits vom ersten Tag an liebevoll, aber bestimmt, was er darf und was nicht. Respektieren Sie auch ausreichende Ruhephasen, in denen Ihr Vierbeiner nicht gestört werden möchte, schließlich sind die vielen neuen Eindrücke anstrengend und ermüdend.*

Rüde oder Hündin?

Ist in der Umgebung eine Hündin läufig, können sich Rüden als wahre Ausbrecherkönige zeigen.

Ob Sie sich für einen Rüden oder eine Hündin entscheiden, ist Geschmacksache. Belgier-Rüden werden etwas größer als Hündinnen. Oft wirken sie imposanter und selbstbewusster in der Körperhaltung. Sie sind in Vielem hartnäckiger und manchmal auch sturer als Hündinnen. Rüden neigen eher zu Dominanz und zeigen sich härter, weshalb ihre Halter bei der Ausbildung meist etwas mehr Durchsetzungsvermögen brauchen. Ein Rüdenbesitzer muss sich aber auch von Zeit zu Zeit auf einen liebeskranken und somit fürchterlich leidenden Vierbeiner einstellen und zwar dann, wenn eine Hündin in der Umgebung läufig ist. Etliche verliebte Casanovas tun ihren Schmerz um die unerreichbare Angebetete sogar lautstark kund; diese Heulorgien können wiederum zu Ärger bei den Nachbarn führen. Außerdem erweisen sich viele liebestolle Vertreter als wahre Ausbrecherkönige, wenn es darum geht, ihrer „Traumfrau" näherzukommen. Ein intakter, genügend hoher Gartenzaun ist also bei unkastrierten Rüden besonders wichtig.
Das ständige Markieren eines Rüden ist ebenfalls nicht jedermanns Sache. Hobbygärtner büßen dabei sicherlich die eine oder andere Pflanze ihres Gartens ein. Bei vermeintlich konkurrierenden Artgenossen lassen unkastrierte Rüden gerne den Macho raushängen, der auch mal mit viel Getöse einen Schaukampf um die Rangordnung anzettelt. Solche Auseinandersetzungen sind jedoch meist harmlos, während Hündinnen untereinander, aus der instinktsicheren Sorge um ihren ver-

Hündinnen sind meist zierlicher als Rüden und häufig auch etwas leichtführiger.

Verhütung bei Hunden

Bei der Kastration einer ***Hündin*** *nimmt man operativ die Eierstöcke und meist auch die Gebärmutter heraus. Da nun die entsprechenden hormonproduzierenden Drüsen fehlen, ist der Geschlechtstrieb nach einer Kastration völlig ausgeschaltet.*

Das Risiko der Hündin, an Gebärmutterkrebs und an einem Gesäugetumor zu erkranken, wird durch die Kastration deutlich vermindert bzw. bei einer Kastration vor der ersten Läufigkeit praktisch ausgeschlossen. Andererseits kann eine so frühe Kastration ein dauerhaft kindlich-kindisches Wesen der Hündin zur Folge haben, denn der Reifeprozess, der durch die Hormone ausgelöst wird, fehlt hier; dies muss jedoch kein Nachteil sein. Bei einer Operation nach der ersten Läufigkeit liegt das Krebsrisiko für die Hündin bei ca. 8 %, nach der zweiten Läufigkeit bei ca. 26 %.

Ein ***Rüde*** *ist kastriert, wenn seine beiden Hoden entfernt wurden.*

Kastrierte Tiere werden in der Regel ruhiger. Manche Hunde neigen anschließend verstärkt zu Fettansatz (Futtermenge anpassen), eventuellen Fellveränderungen oder zeigen Inkontinenz. Während man Hündinnen hauptsächlich zur Vermeidung unerwünschten Nachwuchses kastriert, erfolgt die Kastration eines Rüden häufig bei Verhaltensauffälligkeiten. Selbstverständlich lassen sich Verhaltensauffälligkeiten, die durch Erziehungsfehler des Halters entstanden sind, nicht durch eine Kastration korrigieren.

Manche Rüden haben, bedingt durch zu viel Testosteron, einen übersteigerten Sexualtrieb, der mit Streunen, übertriebenem Imponiergehabe und aggressivem Konkurrenzverhalten gegenüber anderen Rüden einhergeht. Hier oder bei krankhaften Veränderungen der Geschlechtsorgane kann die Kastration eines Rüden durchaus nötig sein. Beim Rüden wirkt die Kastration auch als vorbeugende Maßnahme gegen Prostataerkrankungen und Perinaltumore (= Zubildungen rund um den After).

Letztendlich liegt es in den Händen eines verantwortungsvollen Tierarztes, individuell zu entscheiden, ob eine Kastration angebracht ist oder nicht.

Eine Alternative zur operativen Trächtigkeitsverhütung stellt die medikamentöse Verhütung mittels Hormonpräparaten dar. Diese Methode sollte allerdings nicht auf längere Zeit eingesetzt werden, denn die hormonelle Manipulation einer Hündin erhöht die Wahrscheinlichkeit einer eitrigen Gebärmutterentzündung, die in der Regel wiederum nur operativ zu behandeln ist.

Eine weitere ganz neue Möglichkeit ist die Verhütung mittels Implantat, das wie ein Mikrochip unter die Haut gespritzt wird und alle sechs Monate ausgetauscht werden muss. Laut Hersteller ist dieses Implantat nebenwirkungsfrei, allerdings ist es nicht ganz billig (ca. 50.- € Materialkosten). Für Hündinnen ist das Verhütungsimplantat noch in der Probephase. Bei Rüden wird es bereits eingesetzt; es zeigt die gleiche Wirkung einer operativen Kastration.

meintlichen Nachwuchs, mit echten Beißereien nicht lange fackeln.
In der Regel haben Hündinnen eine zierlichere Statur als Rüden. Machtkämpfe wie sie bei Rüden um die hausinterne Rangordnung hin und wieder vorkommen können, sind bei Hündinnen eher selten. Dies kommt jedoch auch auf die Erziehung der Hunde und die sozialen Strukturen innerhalb des Rudels an. Hündinnen geben sich, vor allem hormonell bedingt, auch mal zickig. Eine Hündin wird ein- bis zweimal im Jahr läufig. In diesem Zeitraum, der etwa drei Wochen dauert, ist besondere Vorsicht geboten, damit es nicht zu unerwünschtem Nachwuchs kommt. Um Flecken im Haus zu vermeiden, ist ein spezielles Hundehöschen mit extra Slipeinlagen aus dem Fachhandel nötig. Daran gewöhnt sich der Vierbeiner in der Regel jedoch schnell, obwohl es immer wieder auch Ausnahmen gibt: Manche Hündinnen versuchen alles, ihre Hose wieder los zu werden. Wollen Sie die Läufigkeit Ihrer Hündin auf Dauer umgehen, schafft eine Kastration Abhilfe.
Äußere Umstände wie Stress oder klimatische Einflüsse (z. B. starke Kälte) sowie Krankheiten können die Läufigkeit beeinflussen, sodass sie eventuell auch mal ausbleibt oder sich verschiebt. Es ist außerdem möglich, dass sich die Abstände der Läufigkeit mit zunehmendem Alter der Hündin vergrößern und die Symptome nicht mehr so stark ausgeprägt sind.

Während ihrer Läufigkeit neigen manche Hündinnen zum Streunen.

Hier ist der Babyboom bereits in vollem Gange.

Manche Hündinnen werden im Anschluss an ihre Hitze scheinträchtig. Hier haben sich homöopathische Mittel wie Pulsatilla oder Ignatia als hilfreich erwiesen. Geht die Scheinträchtigkeit jedoch mit Aggressivität, Apathie und übermäßiger Milchbildung einher, kann eine Kastration angebracht sein. Sprechen Sie in diesem Fall mit Ihrem Tierarzt.

Lassen Sie sich für die Auswahl eines Secondhand-Hundes viel Zeit und prüfen Sie sich gegenseitig so gut es geht, schließlich sollen alle Beteiligten glücklich miteinander werden.

Ein Hund aus dem Tierheim

Möchten Sie einen Hund aus dem Tierheim aufnehmen, brauchen Sie viel Geduld und Einfühlungsvermögen. Da die Vorgeschichte eines solchen Vierbeiners oft völlig im Dunkeln liegt, können unerwartete Verhaltensweisen auftreten. Selbst bei einem Tierheim-Welpen wissen Sie häufig nichts Näheres über seine bisherige Haltung. Da schon eine gute Kinderstube sehr wichtig und prägend für eine intakte Hundeseele ist, kann hier bereits einiges schief gelaufen sein, was sich nur schwer wieder ausbügeln lässt. Auch das Wesen der Elterntiere, die Sie im Tierheim meist nicht kennenlernen, ist ein wichtiger Anhaltspunkt für den späteren Charakter Ihres jetzt ausgesuchten Zöglings. Je nach früheren Erlebnissen hat Ihr junger oder älterer Belgischer Schäferhund vielleicht schon einige Macken, die Sie erst allmählich herausfinden müssen. Trotzdem lohnt es sich, diese Nuss behutsam zu knacken. Besuchen Sie Ihren auserwählten Vierbeiner bereits im Tierheim oder seiner momentanen Pflegestelle häufiger und gehen Sie oft mit ihm spazieren, ehe Sie sich endgültig für eine Übernahme entscheiden.

Die Auswahl eines Tierheimhundes erfordert besondere Sorgfalt, schließlich soll der Vierbeiner mit seiner neuen Familie zu einem echten Glückspilz und nicht, nach seinen ersten auftauchenden Eigenarten, zum erneut abgeschobenen Pechvogel werden. Wichtig ist, sich und den Hund von Anfang an nicht unter

Für einen Erstlingshalter kann es einfacher sein, einen Welpen aus einer kontrollierten VDH-Zucht aufzunehmen als einen gänzlich unbekannten erwachsenen Vierbeiner.

Druck zu setzen. Geben Sie sich für die Gewöhnung aneinander unbedingt ausreichend Zeit. Weisen Sie Ihre Kinder schon im Vorfeld darauf hin, dass der neue Vierbeiner erst einmal Ruhe und Behutsamkeit zur Eingewöhnung braucht. Bevor sie auf ihn zustürmen und ihn streicheln wollen, sollten auch sie erst einmal genau beobachten, wahrnehmen und abwarten.

Die Rassezuchtvereine für Belgische Schäferhunde nehmen sich auch immer wieder Notvermittlungshunden an, die in der Regel dann sehr gut weiter vermittelt werden. Vorab erfolgen eine gründliche Prüfung des potenziellen neuen Zuhauses und eine eingehende Beratung der zukünftigen Halter.

Beachten Sie ...

Die Übernahme eines Tierheimhundes erfordert in der Regel Hundeerfahrung, denn wie erwähnt, liegt die Vergangenheit des Vierbeiners häufig im Dunkeln. Manche Tierheimhunde erscheinen auf den ersten Blick unkompliziert und anpassungsfähig; in unterschiedlichen, oft ganz banalen Situationen des Alltags holen sie jedoch rasch frühere schlechte Erlebnisse ein und lassen sie dementsprechend reagieren. Für Anfänger wird dies unter Umständen zu einem unlösbaren Problem. Hundeerfahrene Menschen können sich dagegen kompetenter und souveräner darauf einstellen und damit auseinandersetzen. Erstlingshaltern sei daher geraten, zunächst einmal einen Welpen von einem seriösen VDH- bzw. FCI-Züchter zu nehmen.

Auswahl von Züchter und Hund

Nehmen Sie auch eine weitere Anfahrt in Kauf. Für einen gesunden, verantwortungsvoll aufgezogenen und optimal sozialisierten Welpen lohnt sich dies allemal.

Fällt Ihre Wahl auf einen Hund vom Züchter, bekommen Sie eine aktuelle Wurfliste über die Welpenvermittlung der Rassevereine. Suchen Sie bereits einen Züchter aus, der die Ihren Ansprüchen entsprechende Zuchtlinie züchtet: möchten Sie also einen reinen Familienhund, ist die Showlinie ratsam; soll Ihr Belgier hingegen später als Gebrauchshund eingesetzt werden, wählen Sie einen Vierbeiner aus einer Arbeitslinie bzw. Leistungszucht. Vergleichen Sie verschiedene Zwinger kritisch vor Ort miteinander. Prüfen Sie die Zuchtstätte ganz genau und nehmen Sie nicht den erstbesten Welpen vom erstbesten Züchter. Scheuen Sie sich nicht vor weiten Anfahrtswegen, immerhin geht es um die sorgfältige Auswahl eines neuen Familienmitglieds, mit dem Sie viele glückliche Jahre teilen möchten. Stellen Sie sich auch auf eine eventuelle Wartezeit ein, denn häufig wird nur auf Nachfrage hin gezüchtet. Dies ist allerdings ein gutes Zeichen, spricht es doch für eine reine Hobbyzucht, die primär an die Hunde und nicht an den Profit denkt. Trotzdem muss Ihnen ein gesunder Belgischer Schäferhund-Welpe einiges Wert sein: Der durchschnittliche Welpenpreis liegt derzeit bei etwa 900.- €.

Die Welpen sollen mit vollem Familienanschluss aufwachsen, den Alltag in der Familie (Staubsauger, laute Geräusche, Autofahren, verschiedene Bodenbeläge, Kinder, ältere Menschen ...) kennengelernt haben, sich bei Ihrem Besuch interessiert, selbstbewusst und freundlich zeigen. Ihr Fell glänzt, sie sind gut genährt und sehen rundum gesund aus. Das Verhalten der Welpen darf weder ängstlich noch aggressiv sein. Nehmen Sie außerdem die Mutter und, falls anwesend, auch den Vater sowie deren Gesundheitszeugnisse und Wesenstests gründlich in Augenschein. Beide Elterntiere müssen Ihnen gegenüber zutraulich und freundlich sein. Achten Sie unbedingt auf Sauberkeit und Hygiene in der Zuchtstätte.

Ein seriöser Züchter wird auch Sie genau prüfen und Sie erst einmal über Ihre bisherige Hundeerfahrung sowie Ihre Lebenssituation ausfragen.

Ein guter Züchter interessiert sich sehr für Sie, Ihr Umfeld und eventuell bereits vorhandene Hundeerfahrung. Außerdem wird er Sie in keiner Weise bedrängen oder Ihnen einen Welpen aufschwatzen. Andererseits fragt er Sie, für welchen Zweck Sie einen Belgischen Schäferhund anschaffen möchten, damit er Ihnen einen geeigneten Welpen aus dem Wurf konkret vorstellen kann, schließlich kennt er seine Hunde und deren Nachwuchs am besten. Das Wohl seiner Hunde liegt einem seriösen Züchter wirklich am Herzen.

Haben Sie sich schließlich für einen Züchter und einen seiner Welpen entschieden, vereinbaren Sie vor der Abholung Ihres Vierbeiners weitere Besuche, damit sich der Kleine schon etwas an Sie gewöhnt. Bringen Sie zusätzlich ein altes Handtuch mit, das in das Welpenlager gelegt, bald nach der Mutter und den Wurfgeschwistern riecht. Bei der Abholung des Welpen nehmen Sie dieses Tuch wieder mit und legen es ihm zuhause in sein neues Körbchen. Durch den weiterhin vorhandenen bekannten Geruch fällt ihm die Trennung von seiner Kinderstube nicht so schwer.

Tätigen Sie keinen Mitleidskauf. Eine schlechte Aufzucht kann sich ein Hundeleben lang in Form von Krankheiten und Verhaltensstörungen rächen.

Nur vom seriösen Züchter

Nehmen Sie Abstand von Mitleidskäufen. Bei dubiosen Schwarzzuchten oder Hundehändlern liegen Herkunft, Aufzucht und Vergangenheit der Hunde oft völlig im Dunkeln, sodass Sie anstelle eines gesunden und wesensfesten Rassehundes schnell eine Mogelpackung bekommen, die Ihnen mit zunächst versteckten Krankheiten und Verhaltensstörungen ein Hundeleben lang Kummer bereiten kann. Das Warten auf einen Welpen von einer kontrollierten VDH- bzw. FCI-Zucht lohnt sich allemal. Hier gelten strenge Zuchtauflagen, die eine gute Basis für das Hervorbringen robuster, gesunder und wesensstarker Vierbeiner bilden. Ein gleichzeitiges Aufziehen mehrere Würfe (möglicherweise noch von unterschiedlichen Rassen) innerhalb einer Zuchtstätte sollte Sie stutzig machen, spricht dies doch sehr für eine rein kommerzielle Angelegenheit.

Welches Zubehör ist nötig?

Da die Rasse generell sehr verspielt ist, darf passendes Spielzeug natürlich nicht fehlen.

Für Ihren Welpen benötigen Sie zunächst ein **Welpenhalsband** oder **-geschirr** und eine leichte **Leine**. Als Material hat sich Nylon bewährt; im Vergleich zu Leder ist es leichter, stabiler, nässefester und problemloser zu reinigen. Der ausgewachsene Hund braucht später ein größeres und breiteres Halsband oder Geschirr sowie eine passende, stabile Leine. Gewöhnen Sie Ihren Belgischen Schäferhund sofort an das Tragen eines Halsbandes. Bringen Sie am Halsband Ihres Vierbeiners neben der Steuermarke, eine gravierte Plakette oder eine Hülse mit Ihrer Adresse und Telefonnummer an, damit Sie im Falle des Verschwindens Ihres Vierbeiners schnell benachrichtigt werden können. Achten Sie darauf, dass das Halsband nicht zu eng und nicht zu locker sitzt – im letzteren Fall könnte der Hund ansonsten leicht rausschlüpfen. Ein Finger muss problemlos zwischen Hals und Halsband passen.

Fragen Sie Ihren Züchter, welches Welpenfutter er empfehlen kann.

Besorgen Sie außerdem für Haus und Garten je ein Set mit einem **Futter-** und einem **Wassernapf**. Sehr gut geeignet, da leicht zu reinigen, sind Edelstahl-, Keramik- oder stabile Plastiknäpfe. Bei der Wahl des richtigen **Welpenfutters** lassen Sie sich am besten vorab von Ihrem Züchter beraten. Natürlich dürfen auch **Belohnungsleckereien** nicht fehlen.

Schlafplatz, Fellpflege und Spielzeug

Ihr Hund braucht seinen eigenen **Liegeplatz**. Manchen Vierbeinern reicht hier eine einfache Decke oder ein Kissen, andere kuscheln sich lieber in einen Korb. Wichtig ist auch hier die Möglichkeit einer leichten, unproblematischen Reinigung, denn angemessene Sauberkeit und Hygiene sind eine wichtige Basis für ein langes, gesundes Hundeleben. Alle Decken und Kissen müssen maschinenwaschbar sein. Ein Korb wird von Zeit zu Zeit ausgeschrubbt und anschließend mit Ungezieferspray behandelt. Hunde„körbe“ gibt es inzwischen nicht nur aus Rattangeflecht, son-

Ihr Hund braucht unbedingt einen eigenen Schlafplatz, auf den er sich zurückziehen kann.

dern auch aus stabilem, beißfestem Plastik oder aus Schaumgummi mit Stoffüberzug. Für den Junghund, der noch alles annagen und zerbeißen will, hat sich als Übergangslösung ein großer, mit einer Decke ausgelegter Karton bewährt, der schnell und preiswert ausgetauscht werden kann.

Ebenfalls praktisch und vielseitig verwendbar ist eine große Plastik-**Transportbox** oder eine Klappbox aus verchromtem Stahlgitter.

Während Ihr Welpe darin bereits ein heimeliges Lager vorfindet, weiß später sogar Ihr erwachsener Schäferhund diese Rückzugsmöglichkeit zu schätzen – vermittelt das Innere solch einer Box doch die Geborgenheit einer Höhle. Bei einer Klappbox kommt dieses Höhlenfeeling erst richtig auf, wenn Sie sie noch mit einem großen Tuch abdecken. Eine Box ist ebenfalls sehr hilfreich, Ihren Hund sicher im Auto unterzubringen. Eine ordnungsgemäße Sicherung des Vierbeiners in einem Auto ist übrigens Pflicht; bei Verstoß drohen hohe Geldstrafen. Andere **Sicherungssysteme** für die Autofahrt sind beispielsweise ein spezieller Hundegurt in Verbindung mit einem Geschirr, mit dem Sie Ihren Belgier auf der Rückbank anschnallen oder stabile Trenngitter, die den Schrägheckkofferraum, in dem Ihr Hund sitzt, sicher vom Personenabteil abtrennen. Mancherorts ist für die Beförderung in öffentlichen Verkehrsmitteln ein Maulkorb vorgeschrieben, auch wenn Ihr

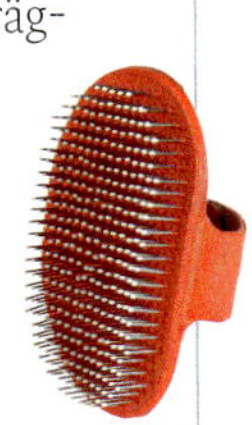

Schleuderbälle sind ein tolles Spielzeug – lassen sie sich doch besonders weit werfen.

Hund ganz friedlich ist.

Für den Fellwechsel, benötigen Sie spezielle **Bürsten**, **Striegel** und **Kämme** für kurz-, rau- und langhaarige Hunde (je nach Fellart Ihres Belgischen Schäferhundes).

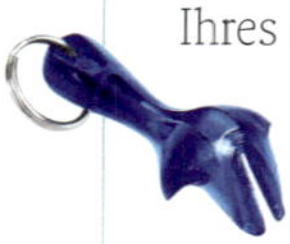

Handtücher zum Abtrocknen und Säubern dürfen für Schlechtwettertage nicht fehlen.

Schaffen Sie sich zudem eine **Zeckenzange** an, um Ihren wedelnden Freund schnell von den lästigen Plagegeistern befreien zu können.

Zu guter Letzt braucht Ihr vierbeiniger Jungspund natürlich **Spielzeug**.

EXTRA

Das richtige Hundespielzeug

Bei der Auswahl von Hundespielzeug orientieren Sie sich am besten an folgendem Grundsatz: Alles, was für Kleinkinder ungeeignet ist, kann auch für Hunde gefährlich werden. So sind spitze, scharfkantige und splitternde Gegenstände oder Dinge, in denen Drähte oder Nägel enthalten sind, für unsere Vierbeiner absolut tabu. Ebenfalls verboten sind Äste von giftigen Bäumen oder Sträuchern und lackierte Hölzer. Luftballons stellen eine Gefahr dar, weil sie zerbissen schnell heruntergeschluckt werden und eine Darmverschlingung hervorrufen können. Ihr Belgischer Schäferhund darf sich nicht an den Spielsachen Ihrer Kinder wie beispielsweise Legobausteinen sowie an Schnüren, Nylonstrümpfen,

Stöckchen können wegen der Splittergefahr gefährlich werden, verwenden Sie stattdessen lieber spezielles Hartholzspielzeug aus dem Fachhandel.

Windlichtern oder Plastikbechern vergreifen. Unproblematisch sind spezielle Hundespielsachen aus Hartholz, Jute, Hartgummi, Stoff und reißfestem Nylon. Kauspielzeug aus natürlichen Materialien wie Rinder- und Büffelhaut bietet nicht nur eine interessante Beschäftigung, sondern hat gleichzeitig einen gesundheitlichen Nutzen, denn es stärkt und reinigt das Gebiss. Bälle müssen immer so groß sein, dass Ihr Hund sie nicht verschlucken kann. Quietschspielzeug ist nur bedingt geeignet, denn ist Ihr Vierbeiner ein besonders eifriger „Spielzeug-Designer" zerlegt er auch ein Quietschtier schnell und frisst möglicherweise sogar das quietschende Ventil. Zudem sind einige Kynologen der Meinung, dass ein Hund durch das ständige Quietschen die Beißhemmung gegenüber quiekenden Artgenossen verlernt. Besser bewährt haben sich Spielsachen aus robustem Hartgummi. Ein begeisterter Apporteur sollte wegen der Splittergefahr unbedingt auf Stöckchen aus dem Wald verzichten. Auch kann sich der Hund den Stock beim Fangen böse in den Hals rammen. Schon viele Hunde sind an diesen Verletzungen gestorben oder es waren langwierige Operationen und Behandlungen nötig, um den Hund von den Splittern zu befreien.

Besorgen Sie Ihrem Vierbeiner stattdessen lieber Hartholzspielzeug aus dem Zoofachhandel oder schneiden Sie einen Gartenschlauch in schäferhundgerechte Stücke. Als Alternative gibt es Dummys oder Bringsel aus Jute, Leder oder Neopren, die absolut maulschonend und auch gut im Wasser verwendbar sind. Ein aus bunten Baumwollschnüren zusammengedrehter Knoten ist zwar sehr beliebt, kann jedoch gefährlich werden, wenn der Vierbeiner den Knoten zerlegt und zu viele Schnüre davon verschluckt. Für sprungbegabte Fangkünstler eignen sich Frisbee©-Scheiben aus reißfestem Nylon, die unterwegs schnell zusammengefaltet und platzsparend in Herrchens oder Frauchens Hosentasche verstaut sind.

Dummys aus Latex sind gut für ein Apportieren aus dem Wasser geeignet.

Welpensicheres Zuhause

Rasantes Spielen kann schnell ins Auge gehen – sichern Sie darum Ihren Garten.

Überprüfen Sie Ihr Zuhause schon vor dem Einzug eines Welpen auf mögliche Gefahrenquellen hin für den kleinen Vierbeiner und beseitigen Sie diese gegebenenfalls. Für den noch unerfahrenen, verspielten Belgischen Schäferhund, der ständig auf der Suche nach neuen Abenteuern ist, lauern etliche Gefahren in Haus und Garten. Welpen erkunden ihre Umgebung in erster Linie mit der Nase und mit den Zähnen, das heißt: Alles, was der junge Hund aufstöbert, muss beknabbert oder sogar gefressen werden. Besonders gefährlich und gefährdet sind hier Kabel und mobile Mehrfachsteckdosen. Verlegen Sie Kabel daher entweder in Kabelkanälen oder lagern Sie diese höher, solange der Welpe noch in der Flegelphase ist. Versehen Sie Steckdosen am Boden und in Nasenhöhe des vierbeinigen Knirpses vorsichtshalber mit Kindersicherungen. Bewahren Sie ebenfalls außer Reichweite des jungen Schäferhundes Putzmittel und Medikamente auf. Erhöhte Vorsicht gilt bei Pflanzen, besonders, wenn sie giftig sind. Stellen Sie auch diese vorübergehend hoch oder quartieren Sie sie an einen anderen Ort um. Ein weiteres großes Gefahrenpotenzial stellen heruntergefallene Kleinteile wie Büroklammern, Stecknadeln oder Geldstücke dar, weil sie der Welpe aus Neugier fressen könnte. Von ganz besonderer Anziehungskraft sind Schuhe.

Junghunde spüren häufig mit einer erstaunlichen Zielsicherheit gerade das teuerste Paar

„Merkt es Frauchen, wenn ich mal geschwind an Ihren Schuhschnüren ziehe?"

auf und zerlegen es; vielleicht waren Sie aber auch schneller und haben die Schuhe rechtzeitig in Sicherheit gebracht. Hängen Sie auch Jalousie- und Rollobänder vorübergehend höher, denn das Fangen und Zerbeißen der „baumelnden" Schnüre ist ebenfalls sehr beliebt. Besonders interessiert ist der Welpe überall dort, wo es etwas auszuräumen gibt. Sichern Sie daher Möbeltüren oder Schubladen, die Ihr abenteuerlustiger Vierbeiner eventuell andernfalls mit seiner Schnauze oder Pfote öffnet. Ein mit einem Vorhang abgehängtes Regal regt enorm die Neugier eines jungen Hundes an; evakuieren Sie also rechtzeitig empfindliche Gegenstände. Höchst attraktiv sind auch Abfalleimer, deren Inhalt Ihren Belgischen Schäferhund auf vielfältige Art schädigen kann. Steigen Sie deshalb besser auf Abfalleimer mit fest verschlossenem Deckel um.

Auch Teppiche sollten, falls möglich, für ein paar Wochen weggeräumt werden, denn ist der Kleine noch nicht ganz sauber, lässt sich ein Pfützchen auf Fliesen oder einem Holzboden leichter und effizienter entfernen als auf einem Teppich. Zum anderen bieten Teppichkanten oder gar Fransen ein beliebtes, aber nicht harmloses Kaumaterial.

Nicht zuletzt ist das wilde Toben des kleinen Rackers gefährlich: Ist ein Welpe erst einmal in Fahrt, kennt er kein Halten mehr. Sichern Sie Treppen daher am besten mit einem Babygitter. Natürlich müssen Sie generell alles Zerbrechliche aus dem Weg räumen.

Zusammenfassend gilt Alles, was für Babys oder Kleinkinder in einem Haushalt gefährlich ist, kann auch für einen jungen Hund lebensbedrohlich werden. Richten Sie sich jedoch durch entsprechende Vorkehrungen rechtzeitig darauf ein, wird das Zusammenleben mit Ihrem Belgischen Schäferhund-Welpen in der heißen (Flegel-)Phase sicherlich stressfreier sein.

Tipps für den Garten

Auch im Garten kann es für einen jungen Hund gefährlich werden. Denken Sie hier an Folgendes:

- *Damit sich der Welpe nicht unerlaubt auf Wanderschaft begibt, umzäunen Sie Ihr Grundstück.*
- *Flicken Sie rechtzeitig vor Ankunft des Vierbeiners Löcher im bereits vorhandenen Zaun.*
- *Lagern Sie gefährliche Stoffe wie beispielsweise Frostschutzmittel für das Auto am besten in einem verschließbaren Schrank.*
- *Vorsicht mit der Aufbewahrung und Verwendung von Chemikalien im Garten (z.B. Dünger, Schneckenkorn etc.).*
- *Der Komposthaufen sollte für Ihren Belgischen Schäferhund unzugänglich sein.*
- *Bewahren Sie gefährliche Gartengeräte wie Scheren, Sägen, Rechen und Hacken außerhalb der Reichweite Ihres Hundes auf.*
- *Hängen Sie den Gartenschlauch sicherheitshalber auf.*
- *Vorsicht mit stacheligen Hecken und Büschen: Toben kann hier schnell ins Auge gehen.*
- *Sichern Sie einen eventuell vorhandenen Gartenteich.*

Die ersten Tage daheim

Für einen Belgischen Schäferhund benötigen Sie viel Zeit. Das temperamentvolle Energiebündel wird Sie voll und ganz fordern.

Ein seriöser Züchter gibt seine Welpen geimpft und entwurmt nicht vor der achten Lebenswoche ab. Am Abgabetag stattet er Sie mit dem Impfpass, der FCI-Ahnentafel (falls diese bereits vorliegt), Pflege-, Fütterungstipps und Futter für den Übergang aus. Außerdem sollten Sie auch eine Kopie des Wurfabnahmeberichtes erhalten. Vergessen Sie zur Abholung Ihres Hundekindes Welpenhalsband und Leine nicht. Wenn Sie berufstätig sind, nehmen Sie sich mindestens in den ersten zwei Wochen nach Einzug des Vierbeiners frei. Dies erleichtert nicht nur die Erziehung zur Stubenreinheit, sondern ist auch für die ge-

Bei einem seriösen Züchter können Sie Ihren Welpen ab der achten Lebenswoche abholen.

Zunächst benötigt Ihr Welpe noch drei bis vier Mahlzeiten.

sunde, seelische Entwicklung des Hundebabys sehr wichtig.

Lassen Sie sich für die Heimfahrt viel Zeit. Eine längere Autofahrt ist für Ihren Welpen neu und ungewohnt. Manchen Hundekindern wird zunächst einmal übel, einige speicheln daraufhin nur, andere müssen sich übergeben. Legen Sie unterwegs mehrere Pausen ein, in denen sich Ihr kleiner Belgischer Schäferhund lösen und bewegen kann. Fahren Sie langsam und knallen Sie nicht mit den Autotüren.

Ihr Welpe zieht ein

Geben Sie Ihrem Welpen nach Ihrer Ankunft zuhause erst einmal genügend Zeit und Möglichkeit, sein neues Domizil ausgiebig zu erkunden. Auf keinen Fall dürfen alle Familienmitglieder gleichzeitig auf ihn einstürmen. In den ersten Stunden ist Behutsamkeit angebracht, damit der neue Mitbewohner nicht verängstigt wird. Zeigen Sie Ihrem Welpen seinen Schlafkorb. Setzen Sie ihn immer wieder hinein und beschäftigen Sie sich dort eine Weile mit ihm. Verbinden Sie dies schon von Anfang an mit dem Kommando „Körbchen". So merkt er bald, dass der Korb sein Platz ist und lernt schnell, auch auf Befehl dorthin zu gehen. Hat sich die erste Aufregung im neuen Heim für den Kleinen etwas gelegt, bekommt er sein Futter. Ein achtwöchiger Welpe muss drei bis vier Mahlzeiten erhalten. Eine Futterumstellung darf nur langsam erfolgen. Am besten mischen Sie hierfür nach und nach das mitgegebene Futter des Züchters mit Ihrem eventuell neuen Futter.

Nach dem Füttern bringen Sie den Welpen sofort nach draußen, damit er sich lösen kann. Genauso verfahren Sie nach dem Spielen und wenn Ihr junger Schäferhund nach dem Schlafen aufwacht.

Beachten Sie, dass ein Welpe zunächst wie ein Baby noch sehr viel Schlaf braucht, ein Bedürfnis, dem Sie unbedingt Rechnung tragen sollten. Zur Erleichterung der Eingewöhnung nachts stellen Sie das Körbchen am besten an Ihr Bett. Ist Ihr Hund sehr unruhig, legen Sie ihm einen Wecker unter sein Kissen. Das Ti-

Auch wenn er noch so niedlich ist, nehmen Sie Ihren Welpen nicht mit ins Bett, sondern weisen Sie ihm von Anfang an seinen eigenen Schlafplatz zu.

cken erinnert ihn an den Herzschlag der Mutter und beruhigt ihn. Werden Sie ob dieses kleinen, niedlichen und vermeintlich hilflosen Geschöpfes nicht schwach und lassen den Welpen ins Bett. Damit tun Sie sich und dem Hund keinen Gefallen. Dies wäre bereits der erste Schritt für den kleinen Neuankömmling in der Rangordnung mit Ihnen zu konkurrieren. Streicheln Sie Ihren, in seinem Körbchen liegenden Vierbeiner lieber von Ihrem Bett aus in den Schlaf. Die zärtliche Berührung mit Ihrer Hand gibt ihm all die Geborgenheit und das Vertrauen, das er braucht, um als Hundebaby einem neuen aufregenden Tag entgegen zu schlafen.

Gegenseitiges Beschnuppern

Ein Secondhand-Hund benötigt besonders viel Zeit zur Eingewöhnung. Um ein besseres Bild von seiner Persönlichkeit zu bekommen, beobachten Sie den Neuankömmling ganz genau. Rasch finden Sie heraus, ob Sie nun ein extremes Sensibelchen oder eher ein forsches Raubein im Haus haben. Lassen Sie Ihrem Neuzugang nichts durchgehen, was er auch später nicht tun darf. Ein ehemaliger Tierheimhund wird in einer neuen Familie zunächst mit Reizen überflutet, die er erst einmal in Ruhe verarbeiten muss. Trotzdem ist es wichtig, Ihren Belgischen Schäferhund von Anfang an so natürlich wie möglich an Ihrem normalen Tagesablauf teilhaben zu lassen. Führen Sie sofort feste Fütterungs-, Spiel- und Spaziergehzeiten ein, damit Ihr vierbeiniger Kamerad bald seinen festen Rhythmus kennt. Hat sich die erste Aufregung gelegt, wird Ihr Hund auch Sie ganz genau beobachten. Einem Belgischen Schäferhund entgeht nichts. Er durchschaut schnell, wer in der Familie das Sagen hat und wer nicht und wo es Schwachstellen in der familieninternen Rangordnung gibt. Daher ist es besonders wichtig, klare Regeln vorzugeben, die sowohl der Vierbeiner als auch alle Familienmitglieder strikt einhalten müssen. Ihr Schäfer ist rasch ausgeglichen und glücklich, wenn er sofort einen eindeutigen Platz in der neuen Lebensgemeinschaft einnimmt, mit einem Mensch an der Spitze, an dem er sich orientieren kann.

Selbst einem Welpen entgeht nichts. Er beobachtet und durchschaut Sie ganz genau.

Die ersten Ausflüge

Auf Ihren ersten Spaziergängen sehen Sie, wie sich Ihr wedelnder Neuzugang Artgenossen gegenüber verhält. Auch für einen erwachsenen Belgischen Schäferhund ist der regelmäßige Kontakt zu anderen Hunden nötig. Laden Sie Freunde mit Ihren Vierbeinern zu sich nach Hause ein: Da Ihr Hund anfangs noch kein Revierbewusstsein hat, wird er alles akzeptieren, was er in seinem neuen Heim vorfindet. Nutzen Sie diese Tatsache aus und machen Sie Ihren Belgier möglichst bald mit

Auch für erwachsene Hunde ist der regelmäßige Kontakt zu Artgenossen wichtig.

Ein Hund aus zweiter Hand braucht unbedingt einen festen Tagesablauf.

eventuellen anderen Haustieren bekannt. Auch wenn Ihr neuer Kamerad in seiner Prägephase eine gute Sozialisierung erfahren hat, ist der Besuch einer Hundeschule empfehlenswert. Ein Secondhand-Hund kann hier zusammen mit seinem Halter noch sehr viel lernen. Erziehungstechnisch brauchen Sie bei einem erwachsenen Hund meist nicht ganz bei Null anzufangen, sondern können auf die bereits vorhandenen Grundlagen aufbauen.

Tipp für Secondhand-Hundebesitzer

Um herauszufinden, welche Talente und Vorlieben Ihr Vierbeiner hat, kann eine kompetente Hundeschule sehr hilfreich sein. Hier werden meist auch Spiel-, Spaß- und Sportkurse angeboten, die jeden Vierbeiner seinen Neigungen entsprechend fordern. Die intensive gemeinsame Beschäftigung mit Ihrem Hund wird Ihre Bindung zueinander weiter fördern und Sie bald zu einem unzertrennlichen Dream-Team zusammenschweißen.

Wichtig ist, dass Ihr Belgischer Schäferhund nun Sie als neuen Hundeführer und somit Kommandogeber akzeptiert. Zeigen Sie daher unbedingt Konsequenz und Einfühlungsvermögen und bauen Sie behutsam eine vertrauensvolle Bindung zu Ihrem neuen Hausbewohner auf. Außerdem muss es Ihrem Schäfer Spaß machen, Ihnen zu gehorchen, die richtige Motivation ist also das A und O einer erfolgreichen, partnerschaftlichen Erziehung.

In einer kompetenten Hundeschule können Sie gemeinsam mit Ihrem Hund viel lernen.

Sozialisierung

Damit ein Hund einen stressfreien Alltag mit einem sozialverträglichen Verhalten gegenüber Mensch und Tier leben kann, muss schon der Welpe mit möglichst vielen Umweltreizen vertraut gemacht werden. Die wichtigste Zeitspanne für die Sozialisierung liegt zwischen der dritten und etwa der 16. Lebenswoche. Für die erste Phase ist also der Züchter verantwortlich: Dort soll der Welpe nicht nur durch den Umgang mit seiner Mutter und den Wurfgeschwistern hündisches Verhalten lernen, sondern auch möglichst viele positive Erfahrungen mit verschiedenen Menschen, einschließlich Kindern sind für die weitere Entwicklung des kleinen Vierbeiners wichtig. Deshalb sind bei einem verantwortungsvollen Züchter ab der vierten Woche Besucher willkommen, selbstverständlich wohldosiert, um die Welpen nicht zu überfordern. Durch eine abwechslungsreiche Umgebung, wie beispielsweise einem interessanten, kleinen Abenteuerspielplatz im Welpenauslauf, wird das Hundekind bereits mit diversen Umweltreizen vertraut gemacht.

Kurze Ausflüge sind dagegen erst erlaubt, wenn der Welpe komplett geimpft ist (ab der achten Lebenswoche). Hundekinder, die bis zu ihrer Abholung (und auch danach) völlig abgeschottet von ihrer Umwelt leben, tragen in der Regel irreparable Schäden davon, die sie an einer normalen Entwicklung hindern. Solche Hunde bleiben häufig ihr Leben lang unglückliche Sorgenkinder, die sich ständig als unsichere Angsthasen oder auch Beißer gebärden. Zudem zieht dies auch negative gesundheitliche Auswirkungen nach sich.

Die erste Phase der Sozialisierung sollte in einer abwechslungsreichen Umgebung beim Züchter stattfinden.

Von einem souveränen erwachsenen Hund kann ein Welpe viel lernen.

Nach der Abholung Ihres Belgischen Schäferhundes vom Züchter liegt die weitere Entwicklung des Welpen in Ihrer Hand. Machen Sie ihn zuhause mit möglichst vielen Situationen bekannt: Sperren Sie ihn beispielsweise nicht weg, wenn Sie staubsaugen oder wenn Besuch kommt. Dies bedeutet natürlich nicht, dass Sie sofort nach der Ankunft des Vierbeiners den Staubsauger schwingen oder gar eine große Party feiern sollen. Vielmehr macht's die richtige Dosierung, damit Ihr junger Schäferhund langsam, aber sicher alle Geräusche und Abläufe um ihn herum als völlig normal ansieht. Leben noch andere Tiere bei Ihnen, gewöhnen Sie alle Vierbeiner ganz behutsam aneinander.

Auf Stadtausflüge wird Ihr Welpe optimal vorbereitet, wenn Sie Großstadtgeräusche zunächst von einem Band abspielen. Am günstigsten ist dies während der Fütterung, denn dann verknüpft Ihr kleiner Belgier die ungewohnten Geräusche gleich mit etwas Positivem. Steigern Sie die Lautstärke allerdings erst allmählich. Gewöhnen Sie Ihren jungen Vierbeiner ebenfalls frühzeitig an die Mitnahme und das gesittete Verhalten im Auto und in öffentlichen Verkehrsmitteln.

Eine unschätzbare Hilfe für Sie und den kleinen Hund ist ein ruhiger, gelassener „Großer Freund". Haben Sie solch einen Vertreter im Freundeskreis oder in der Nachbarschaft, bitten Sie sein Frauchen oder Herrchen mit Ihnen und Ihrem Zögling erste Ausflüge in die Stadt, in die Straßenbahn oder einen Aufzug zu unternehmen. Der Kleine wird an der Ruhe und Ausgeglichenheit des Großen merken, dass es keinen Grund gibt, sich aufzuregen und, dass die vielen lauten Autos und Menschen etwas ganz Selbstverständliches sind. Ein nicht ganz so sicherer, vierbeiniger Partner ist hierfür weniger geeignet, denn er wird bei Ihrem Welpen eher das Gegenteil erzeugen von dem, was Sie eigentlich erreichen wollten!

Neue Eindrücke sammeln

Lassen Sie Ihren Welpen während Ihrer Spaziergänge in Ruhe seine Umgebung erkunden. Streuen Sie zwischendurch kleine Spielchen ein, die all seine Sinne und vor allem auch das Interesse an Ihnen wecken. Auf diese spielerische Art merkt Ihr Belgischer Schäferhund schnell, dass es sich lohnt, Ihnen zu folgen. Wechseln Sie öfter mal die Wege und provozieren Sie Begegnungen mit Artgenossen, anderen Tieren und Menschen. Beginnen Sie hier bereits spielerisch die Erziehung, indem Sie Ihrem Schäfer beispielsweise durch Ablenkung mit einem verlockenden Spielzeug oder besonderen Leckerbissen schon beibringen, fremde Menschen nicht anzuspringen. Respektieren Sie auch, wenn ein anderer Hundebesitzer von einem Zusammentreffen mit Ihnen Abstand nimmt. Nehmen Sie Ihren Welpen dann lieber an die kurze Leine und gehen Sie ohne direkten Kontakt am anderen Vierbeiner vorbei, schließlich muss Ihr Belgischer Schäferhund auch lernen, sich in solchen Situationen manierlich zu verhalten. Das Kennenlernen verschiedener Bodenuntergründe und von Wasser fällt ebenso in die wichtige Sozialisierungsphase.

Unbedingt empfehlenswert ist der Besuch einer Welpenspielstunde in einer guten Hundeschule. Hier lernt der junge Vierbeiner zusammen mit gleichaltrigen Artgenossen, wie er sich hündisch korrekt verhält. Außerdem wird er dort mit unterschiedlichen Geräuschen und Gegenständen wie zum Beispiel einem aufgespannten Regenschirm oder flatternden Folien vertraut gemacht. Beachten Sie jedoch, dass gerade Belgier-Welpen zunächst häufig eher zurückhaltend wirken und sich erst einmal alles aus sicherer Entfernung ansehen möchten; zwingen Sie Ihren Kleinen daher auf keinen Fall zu etwas. Schon junge Belgische Schäferhunde beobachten alles ganz genau. Geben Sie Ihrem Vierbeiner unbedingt die Zeit, die er braucht, um mit einem Welpenspielplatz und auch mit Artgenossen warm zu

Der Besuch einer Welpenspielstunde ist wichtig, um ein intaktes Sozialverhalten mit Artgenossen zu fördern.

In einer guten Hundeschule muss zwischendurch auch das Spiel mit Artgenossen erlaubt sein.

werden und, lassen Sie sich nicht von Menschen verunsichern, die meinen, Ihr Hund sei besonders ängstlich. Dieses genaue Wahrnehmen und Abwarten ist für einen Belgischen Schäferhund völlig rassetypisch! Nutzen Sie außerdem die Zeit des Welpenspielens und beobachten Sie Ihren Vierbeiner ganz genau! Sie werden hier bereits viel über ihn erfahren. Fragen Sie auch den Trainer, wenn Sie ein Verhalten nicht deuten können.
Gehen Sie allerdings erst mit Ihrem Welpen auf den Hundeplatz, wenn er geimpft und somit gegen diverse Infektionskrankheiten grundimmunisiert ist.
Um eine gute Verträglichkeit mit Artgenossen zu fördern, empfiehlt sich zudem häufiger Hundebesuch bei Ihnen daheim. Da Ihr Belgischer Schäferhund dann nicht mehr als vierbeiniger Alleinherrscher im Mittelpunkt steht, kann dies sogar „Einzelkindallüren" entgegenwirken.

So finden Sie die passende Hundeschule

Hundeschulen und Tiertrainer gibt es inzwischen an vielen Orten. Welche Möglichkeiten Sie in Ihrer Region haben, wissen in der Regel Tierärzte, örtliche Tierheime oder andere Hundehalter. Auch überregionale Verbände und Organisationen sind kompetente Ansprechpartner. Haben Sie nun eine konkrete Hundeschule im Auge, prüfen Sie das Angebot anhand der Fragen im Kasten genau. Eine passende Spielgruppe sollten Sie schon vor Einzug Ihres Welpen aussuchen, denn meist stehen diese Gruppen nur Welpen bis zu einem Alter von etwa 18 Wochen offen.
Es bleibt also zu wenig Zeit, wenn Sie sich erst bei Ankunft des Welpen über ein entsprechendes Angebot in Ihrer Nähe informieren.
Merken Sie, dass Sie mit dem

Schule soll Spaß machen – und zwar Ihnen und vor allem Ihrem Hund!

Belgische Schäferwelpen sind häufig erst etwas abwartend und beobachten die jeweilige Lage zunächst genau, ehe sie sich an Spielen beteiligen.

Trainer oder der angebotenen Methode nicht zurechtkommen, wechseln Sie die Hundeschule. Handeln Sie immer im Interesse Ihres Hundes. Nur ein Belgischer Schäferhund, der Spaß an der Sache hat, lernt gerne und leicht. Auch Sie können in einer kompetenten und sympathischen Hundeschule nette Freundschaften und Kontakte mit Gleichgesinnten knüpfen und einen wichtigen Erfahrungsaustausch pflegen.

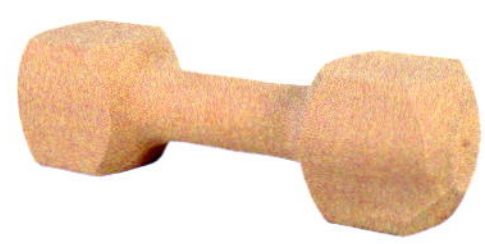

- *Ist der Trainer schon am Telefon bereit, ausführlich Fragen zu beantworten und fragt er Sie auch viel über Sie und Ihren Hund?*
- *Nach welcher Methode wird trainiert?*
- *Kann der Trainer eine fundierte Ausbildung nachweisen?*
- *Gibt es ein (eingezäuntes!) Trainingsgelände, auf dem die Hunde in Trainingspausen auch mal miteinander spielen dürfen?*
- *Wie groß sind die Trainingsgruppen? Zu große Gruppen lassen kaum noch Spielraum für die genaue Beobachtung und Beratung eines jeden Einzelnen.*
- *Gibt es auch Einzelstunden für individuelle Probleme?*
- *Stehen die Kosten in einem vernünftigen Verhältnis zum Angebot?*
- *Sind ein anfängliches Zusehen sowie ein Probetraining möglich?*
- *Stimmt die Chemie zwischen Ihrem Vierbeiner und dem Trainer sowie zwischen Ihnen und dem Trainer?*
- *Freut sich Ihr Vierbeiner, wenn es auf den Hundeplatz geht und hat er Spaß am Training?*
- *Macht Ihr Hund langfristig Fortschritte?*

Welpenspielplatz zu Hause

Leicht können Sie Ihrem Welpen zu Hause mit einfachen und ganz alltäglichen Dingen einen Abenteuerspielplatz kreieren.

Führen Sie Ihr Hundekind an alle Stationen langsam heran und zeigen Sie ihm alles ganz behutsam. Loben Sie Ihren Welpen ausgiebig, wenn er mutig die neue Umgebung erkundet. Haben Sie Geduld mit Angsthasen, aber kein Mitleid. Dieses menschliche Gefühl würde ihn in seiner Angst nur noch bestärken. Loben Sie Ihren Welpen aber für jeden kleinen Schritt mit Leckerli und freundlicher, beruhigender Stimme.

ⓘ Stellen Sie einen großen, offenen Karton auf, den Ihr Vierbeiner nach Herzenslust erkunden und anschließend auch zerlegen darf.

ⓘ Hängen Sie alte, bunte Stofffetzen an eine Wäscheleine: Hier lernt der Kleine, sich nicht von flatternden Dingen aus der Ruhe bringen zu lassen. Eine Stufe schwieriger wird's mit Folienresten, denn diese rascheln auch noch.

ⓘ Legen Sie eine Leiter auf den Boden und führen Sie Ihren jungen Schäferhund langsam darüber; hier ist Koordination gefragt, denn er lernt, seine Pfoten genau in die Leerräume zwischen den Sprossen zu setzen. Achten Sie darauf, dass der Welpe über die Sprossen schreitet und nicht springt. Wissenschaftliche Untersuchungen belegen, dass dies eine ausgeprägtere Verzweigung der Nervenbahnen im Gehirn zur Folge hat.

ⓘ Stellen Sie eine Hundetransportbox mit geöffneter Tür auf und verteilen Sie in der Box Leckerli. So wird der Welpe schon spielerisch mit der Box vertraut gemacht, verknüpft sie mit etwas Positivem (Futter) und empfindet später die Reise darin als etwas ganz Norma-

Ein mit Plastikbällen gefülltes Planschbecken kann gut in einen Welpenspielplatz integriert werden.

Der Spielplatz daheim ist eine gute Ergänzung für das regelmäßige Spiel mit Artgenossen, keinesfalls aber ein Ersatz.

les. Achten Sie darauf, dass Sie dem Welpen von Anfang an ein Kommando zum Herauskommen geben. Sagen Sie dieses, bevor er die Kiste von selbst verlassen möchte. Das Herauskommen auf Kommando belohnen Sie mit Futter.

ⓘ Legen Sie eine große Malerfolie auf dem Boden aus: dies ist ein unbekannter, raschelnder und glatter Untergrund, den es zu betreten gilt; streuen Sie für Zaghafte Leckerli auf der Folie aus.

ⓘ Selbst ein Zelt ist ein interessantes Erkundungsobjekt, das sowohl durch die Überdachung als auch durch den Zeltboden neu und aufregend ist.

ⓘ Stellen Sie zum genauen Erforschen einen aufgespannten Sonnenschirm auf den Boden, legen Sie als Lockmittel Leckerli darunter aus.

ⓘ Legen Sie einen Eimer auf den Boden, den Ihr Hundekind ausgiebig erkunden darf.

ⓘ Lassen Sie zunächst in großer (!) Entfernung vom Welpen eine aufgeblasene Butterbrottüte platzen, sodass er den Knall erst nur sehr gedämpft hört; zusätzlich kann er währenddessen von einer zweiten Person mit Futter abgelenkt werden. Erhöhen Sie ganz langsam die Intensität des Geräusches. Auf diese Weise lernt ein Welpe Silvesterknallerei und Donnergrollen zu trotzen. Selbstverständlich funktioniert diese Übung auch wieder über eine aufgenommene Kassette oder CD. Beginnen Sie jedoch wie immer erst ganz leise und steigern Sie die Lautstärke langsam.

Bitte beachten Sie Auf keinen Fall ersetzt dieser Spielplatz daheim das Welpenspielen mit Artgenossen auf einem Hundeplatz. Er stellt lediglich eine gute Ergänzung dar, die Ihren Vierbeiner anderen Alltagssituationen gegenüber selbstbewusster und gelassener werden lässt.

„Auf zu neuen Abenteuern!"

Erste Erziehungsschritte

Lassen Sie sich nicht vom süßen Blick Ihres Welpen einwickeln, sondern beginnen Sie sofort spielerisch mit der Erziehung.

Gerade Ersthalter lassen sich häufig vom süßen Blick und putzigen Verhalten ihres neuen Familienmitglieds einwickeln und verschieben die Erziehung des kleinen Rackers zunächst einmal auf unbestimmte Zeit. Machen Sie diesen Fehler nicht. Am aufnahmefähigsten ist ein Welpe bis zur 18. Lebenswoche, nützen Sie also diese Zeit und fangen Sie sofort mit einer spielerischen Erziehung an.

Gerade für einen Belgischen Schäferhund, der sehr lange sehr kindlich ist, ist es wichtig, dass er ohne Druck und Dominanz erzogen wird. Liebevolle Konsequenz ist dagegen sehr wichtig. Außerdem braucht er ausreichend Gelegenheiten, seinem ausgeprägten Spielbedürfnis nachgehen zu können.

Entscheidend für die Lernbereitschaft und damit auch die Lernfähigkeit eines Welpen ist das Lernklima. Stress und Angst sind Gift für ein erfolgreiches Lernen. Sicherlich können Sie das aus eigener Erfahrung gut nachvollziehen. Verschaffen Sie Ihrem Hund daher eine ruhige, angenehme und entspannte Atmosphäre, in der er, verstärkt durch die richtige Motivation, Spaß am Lernen hat.

Stubenreinheit

Wie ein Menschenbaby braucht auch ein Welpe zunächst ein gewisses Bewusstsein dafür, wo er sich lösen darf und wo nicht. Bei der Erziehung zur Stubenreinheit ist viel Be-

Wie lernt ein Welpe?

ⓘ *Welpen sind ganz genaue Beobachter und lernen somit rasch, wovor Sie Angst haben, wen Sie mögen und wen nicht; auch die familieninterne Rangordnung durchschauen sie schnell.*

ⓘ *Welpen sind Praktiker; vieles lernen sie durch Erfahrung, wie schlechte oder gute Erlebnisse, Bestrafung und Lob.*

ⓘ *Das genaue Lernverhalten eines Welpen ist abhängig von seinem individuellen Charakter, seiner Intelligenz und seinen speziellen, angeborenen Neigungen.*

hutsamkeit angebracht. Überfordern Sie Ihren kleinen Schäferhund nicht. Bringen Sie ihn nach jeder Mahlzeit, nach jeder Spielphase und gleich nach dem Aufwachen zum Lösen ins Freie, vorzugsweise immer an den gleichen Platz. Beobachten Sie Ihr Hundekind ganz genau: Selbst, wenn es beispielsweise breitbeinig am Boden schnüffelt, ist schnelles Handeln angebracht, denn postwendend kann ein Pfützchen folgen. Verrichtet der Kleine draußen sein Geschäft, loben Sie ihn unbedingt überschwänglich!

Bringen Sie einen Welpen nach dem Fressen, Spielen und Schlafen sofort ins Freie, damit er sich lösen kann.

Als anfängliches Welpenlager nachts empfiehlt sich ein hoher Pappkarton oder eine Transportbox in Ihrem Schlafzimmer, aus der Ihr Vierbeiner nicht selbstständig herauskommt. Weil er sein eigenes Lager nicht beschmutzen möchte, wird er unruhig und fängt an zu winseln, wenn er muss. Tragen Sie ihn dann schnell hinaus. Entdecken Sie ein Pfützchen im Haus, entfernen Sie es stillschweigend und gründlich, damit Ihr Welpe nicht wieder von seinem eigenen Geruch angezogen, an derselben Stelle uriniert. Ertappen Sie ihn gerade beim Lösen, heben Sie ihn mit einem bestimmten „Nein" hoch und bringen Sie ihn ins Freie. Fährt er dort mit seinem Geschäft fort, loben Sie ihn wieder ausgiebig. Stupsen Sie nie die Hundenase in die Hinterlassenschaften des Welpen, denn dies hat keinerlei Lerneffekt – ein Welpe kann Verknüpfungen nur bis zu einer Viertel Sekunde herstellen –, ist Tierquälerei und somit als Strafe völlig ungeeignet. Es führt nur zu einem Vertrauensbruch zwischen Ihnen und Ihrem Belgischen Schäferhund.
Lassen Sie Ihr Hundekind anfangs vorsichtshalber alle ein bis zwei Stunden nach draußen. Je aufmerksamer Sie Ihren Welpen beobachten (Geht er zur Tür? Winselt er?) und je schneller Sie dann reagieren, umso rascher wird Ihr Belgier stubenrein.

Leinenführigkeit

Mit ein paar Tricks können Sie Ihrem Welpen schnell ein ordentliches Gehen an der Leine beibringen. Bleiben Sie dabei dauerhaft konsequent, gewöhnt sich Ihr Belgischer Schäferhund auch später kein übermäßiges Ziehen an. Machen Sie Ihr Hundekind zunächst einmal spielerisch mit seiner Leine vertraut; lassen Sie den Welpen ausgiebig daran schnuppern und zeigen Sie ihm, dass hiervon absolut keine Gefahr für ihn ausgeht. Dann leinen Sie Ihren Vierbeiner an und locken ihn mit einem

Leckerli oder seinem Lieblingsspielzeug, sodass er ein paar Schritte an der Leine geht. Loben und belohnen Sie ihn ausgiebig, wenn er die Leine vergisst und Ihnen folgt. Geben Sie nicht nach, wenn er sich stur stellt, sich hinsetzt oder fallen lässt. Setzen Sie sich unbedingt spielerisch durch, denn einige Vierbeiner testen bei dieser Übung bereits, wie weit sie mit ihrem Sturköpfchen gehen können. Versuchen Sie Ihren Welpen in einem solchen Fall abzulenken, machen Sie sich interessant und locken Sie ihn zu sich.
Eine weitere Möglichkeit besteht darin, die Leine fallen zu lassen, weiterzugehen und den Namen des Welpen zu rufen. Da der Kleine nicht alleingelassen werden möchte, wird er Ihnen automatisch folgen. Nun loben Sie ihn überschwänglich und geben Sie ihm ein Leckerchen oder sein Lieblingsspielzug. Diese Übung sollten Sie natürlich nicht an einer Straße durchführen. Die richtige Motivation spielt für den jungen Hund stets eine entscheidende Rolle. Jeder Schritt in die richtige Richtung wird ausgiebig gelobt.

Gibt's unterwegs Leckerlis ist die ungewohnte Leine bald vergessen.

Setzen Sie sich unbedingt schon bei Ihrem Welpen durch, denn der kleine Knirps probiert bereits aus, wie weit er bei Ihnen gehen kann.

Akzeptiert Ihr Belgischer Schäferhund die Leine, geht es daran, ihn gar nicht erst zum Ziehen zu verleiten. Sobald sich die Hundeleine spannt, rufen Sie Ihren Hund zu sich und klopfen Sie sich dabei gleichzeitig aufmunternd ans Bein. Machen Sie Ihren Hund auf Sie aufmerksam, indem Sie ein Leckerli oder das Lieblingsspielzeug Ihres Vierbeiners in der Hand halten. Reden Sie immer wieder mit Ihrem Belgier und motivieren Sie ihn mit Spaß, an lockerer Leine bei Ihnen zu bleiben. Loben Sie ausgiebig, wenn Ihr kleiner Schüler zu Ihnen kommt und auch bei Ihnen bleibt. Die täglichen Spaziergänge werden für Sie beide interessanter, wenn Sie öfter neue Wege gehen.

Verzögerungstaktik bei Leinenzug

Eine gute Leinenführigkeit erreichen Sie ebenfalls, wenn Sie stehen bleiben, sobald sich die Leine spannt. Reden Sie nicht mit Ihrem Hund und ziehen Sie auch selbst nicht an der Leine, sondern warten Sie einfach ab. Stoppt der

Ziehen Sie nicht an der Leine, wenn diese sich spannt, sondern bleiben Sie zunächst einfach nur stehen.

Spaziergang, wird sich Ihr haariger Begleiter schnell umdrehen, um zu sehen, warum es eine Verzögerung gibt. In diesem Moment lockert sich die Leine. Setzen Sie Ihren Gang in die genau entgegengesetzte Richtung fort. Diese Übung verlangt viel Ruhe und Geduld. Zunächst sind etliche Wiederholungen nötig, doch bald hat Ihr Belgier verstanden, dass auf ein Ziehen an der Leine ein sofortiger Stillstand und anschließender Richtungswechsel erfolgt, kein Leinenzug jedoch Spaß bringt.

Um übermäßiges Ziehen an der Leine einzudämmen, ist ein Leinenruck oder -zug Ihrerseits nicht empfehlenswert: Dies kann die empfindliche Halswirbelsäule und den Kehlkopf massiv verletzen. Außerdem zeigen Sie dem Hund genau *das* Verhalten, welches Sie ihm eigentlich abgewöhnen wollen. Ziehen Sie auch dann nicht an der Leine, wenn Ihr Vierbeiner längere Zeit schnüffelt und nicht weitergehen will. Motivieren Sie ihn lieber mit aufmunternden Worten, einer Spielaufforderung oder einem besonderen Leckerbissen, Ihnen zu folgen. Das Weitergehen können Sie sogar üben, indem Sie immer das gleiche Kommando wie beispielsweise „Weiter" sowie eine auffordernde Handbewegung verwenden. Am schnellsten lernt Ihr Hund diese Übung unangeleint auf einer Wiese. Weil sich Hunde sehr an Ihrer Körpersprache orientieren, ist es wichtig, dass Sie nach der gesprochenen Aufforderung „Weiter" auch wirklich weitergehen und nicht stehen bleiben. Folgt Ihnen Ihr Belgischer Schäferhund, loben Sie ihn sofort wieder kräftig und geben Sie ihm ein Leckerli oder spielen Sie zur Belohnung mit ihm.

Vorsicht mit Flexileinen

Verwenden Sie aufrollbare Flexileinen erst, wenn Ihr Hund zuverlässig leinenführig ist, ansonsten könnte ihn die vermeintlich gegebene Freiheit durch die Länge dieser Leine zu einem stetigen Ziehen verleiten. Auch sollten Sie ihm dann ein Geschirr anlegen, da es doch mal zu einem kleinen Sprint an der langen Leine kommen kann, der mit einem Ruck endet. Dieser wäre schädlich für die Halswirbelsäule des Halsband tragenden Hundes.

Alleinbleiben

Gesittetes Alleinbleiben will gelernt sein und zwar von klein auf, schließlich kann man einen Hund nicht immer und überall hin mitnehmen. Lassen Sie Ihren Belgischen Schäferhund zunächst nur kurz allein und zwar erst, wenn er sich in Ihrer Umgebung ganz sicher und

Ein Hund der müde ist, bleibt besser allein als ein unausgelasteter Vierbeiner.

geborgen fühlt. Verlassen Sie das Zimmer, wenn er schläft oder mit einem Kauröllchen beschäftigt ist. Liegt Ihr Welpe bei Ihrer Rückkehr noch brav auf seinem Platz, loben Sie ihn. Vergrößern Sie langsam die Zeitspanne und gehen Sie schließlich ganz aus dem Haus. Machen Sie kein Drama aus Ihrem Weggang und verabschieden Sie sich nicht. Je mehr Aufhebens Sie um Ihren Aufbruch und Ihre Rückkehr machen, umso eher erziehen Sie Ihren Vierbeiner zu späterer Trennungsangst. Trotz aller Übung gibt es immer wieder „Härtefälle", die sich sehr schwer mit dem gesitteten Alleinbleiben tun. Solchen Hunden können Sie die Zeit des Wartens mit einem kleinen Animationsprogramm versüßen.

Rezepte gegen Langeweile

Damit Ihr Hund Ihre Gardinen, Möbel oder andere Einrichtungsgegenstände verschont, geben Sie ihm Pappschachteln oder leere Allzweckrollen, um seinen Frust abzureagieren. Ebenfalls hilfreich gegen Langeweile ist ein mit Leckerli oder Rinderhack gefüllter Kong aus dem Zoofachhandel.

Auch kleinere, stabile Kartons mit Deckel garantieren eine abwechslungsreiche Beschäftigung. Verstecken Sie darin in Zeitung gewickelte Leckerlis. Während Supernasen die Knabbereien sofort erschnuppern und eifrig „auspacken", können Sie für weniger Geübte einige „Duftlöcher" in den Deckel stechen.

Versteckt Ihr Hund gerne Leckereien, hat es sich bewährt, ihm Plätze in der Wohnung dafür einzurichten, an denen er nach Herzenslust „graben" darf. Hierfür verteilen Sie beispielsweise ausgediente Handtücher oder Decken an verschiedenen Stellen eines Raumes. Dies schützt Sie auch davor, einen feuchtklebrigen Kauknochen oder Ähnliches abends in Ihrem Bett zu finden.

Kurzweiliger wird das Warten ebenfalls mit einem Futterball aus dem Zoofachhandel, der nur ab und zu, bei bestimmten Bewegungen, über verschieden große Öffnungen Leckerlis frei gibt. Hier muss der Hund Geduld und Geschicklichkeit beweisen, wodurch er von anderem Schabernack abgelenkt wird.

Läuft während Ihrer Abwesenheit das Radio, fühlt sich Ihr Schäferhund nicht so einsam.

Da geteiltes Leid bekanntlich halbes Leid ist, kann auch die Anschaffung eines Zweithun-

Weitere Tipps

Das Alleinbleiben fällt Hunden leichter, die müde sind. Gehen Sie daher vorher mit Ihrem Vierbeiner spazieren oder spielen Sie mit ihm. Auch satte Hunde sind schläfrig. Es empfiehlt sich also außerdem, ihn vor Ihrem Weggang zu füttern. Lassen Sie ihn anschließend aber noch einmal nach draußen, damit er sich lösen kann. Viele Hunde tröstet schon ein vertrautes Kleidungsstück wie ein ausrangierter Socken oder eine alte Jacke von Ihnen im Körbchen.

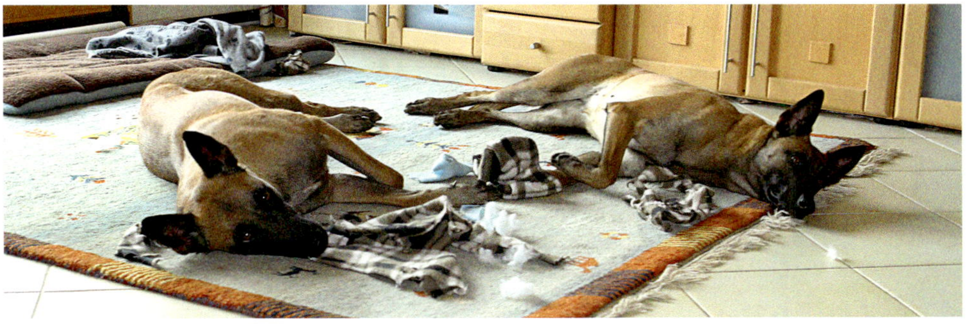

Mit einer entsprechenden „Unterhaltung“ ist das Warten halb so schlimm.

des oder die vorübergehende Vergesellschaftung mit einem befreundeten „Leihhund“ aus der Nachbarschaft helfen, dem das Alleinebleiben nichts ausmacht. Letzteres hat schon so manchen Quälgeist zur Vernunft gebracht, sodass er inzwischen sogar alleine und, ohne außerplanmäßige Dummheiten zu machen, auf Herrchens Heimkehr wartet.
Hat Ihr Vierbeiner während Ihrer Abwesenheit etwas angestellt, schimpfen Sie ihn nicht; dafür müssten Sie ihn wirklich auf frischer Tat ertappen, ansonsten bringt er die Bestrafung nur mit Ihrer Rückkehr, nicht aber mit seinem Vergehen in Zusammenhang. Ignorieren Sie Ihren Hund lieber, bis alle Spuren beseitigt sind.

Abgewöhnen von Jugendsünden

Die Flegelphase eines Junghundes beginnt etwa ab dem achten Lebensmonat. In diese Zeit fällt auch die Geschlechtsreife des Vierbeiners. Nun testet Ihr Belgischer Schäferhund vermehrt aus, wie weit er gehen kann und ob er Ihnen wirklich gehorchen muss oder nicht. Außerdem stellt der Jungspund allerhand Unfug an. Gerade Belgische Schäferhunde sind hierbei sehr spitzbübisch und äußerst erfinderisch. Kein Wunder, schließlich suchen sie mit ihrem aufmüpfigen Verhalten ihre genaue Rangposition innerhalb des Familienrudels. Spätestens jetzt ist ein konsequentes Grenzen setzen enorm wichtig, ansonsten wächst Ihnen Ihr Schäfer schnell über den Kopf. Achten Sie unbedingt auf feste sowie klare Regeln und einen strukturierten Tagesablauf. Nur so merkt Ihr Vierbeiner, wer in der Familie das Sagen hat; er orientiert sich daran und passt sich an.

In der Flegelphase testet ein Junghund in diversen Situationen seine Grenzen aus.

Anspringen

Hunde begrüßen und beschwichtigen ranghöhere Artgenossen, indem sie deren Mundwinkel lecken, ein Verhalten, das im Futterbetteln von Wolfswelpen bei ihrer Mutter begründet liegt. Genauso möchten sich die Vierbeiner bei uns Menschen geben, doch „leider“ ist dies den Hunden aufgrund unserer Größe nicht möglich, ohne uns dabei anzuspringen. Zwar ist dieses Verhalten durchaus gut gemeint und gilt als Geste der Unterordnung, trotzdem aber ist es, zu Recht, nicht besonders beliebt. Immerhin bringt ein kräftiger Hund eine gewisse Masse mit, die einen nicht ganz standfesten Menschen im wahrsten Sinne des Wortes umhauen kann. Außerdem sind gerade bei Schmuddelwetter hündische Drecktapser auf einer hellen Hose nicht unbedingt wünschenswert. Gewöhnen Sie daher schon dem Welpen ab, Menschen anzuspringen, indem Sie und Ihr Besuch sich bei jeder stürmischen Begrüßung vom Hund wegdrehen und ihn ignorieren. Sie kommen außerdem der ausgelassenen Freude Ihres Vierbeiners zuvor, wenn Sie sich zu ihm hinunter beugen und seine Sprungversuche bereits unten abfangen. Wenden Sie sich Ihrem Hund allerdings erst zu, wenn er sich etwas beruhigt hat. Erfolg versprechend ist auch, eine Ersatzhandlung vom Hund zu fordern. Kommt Ihr Vierbeiner also auf Sie zugerannt und möchte an Ihnen hochspringen, geben Sie ihm sofort beispielsweise das Kommando „Sitz“. Begrüßen Sie Ihren Belgischen Schäferhund erst, wenn er diese Übung ausgeführt hat und in dieser Position bleibt. Loben Sie ihn dafür ausgiebig und heben Sie das „Sitz“ mit einem Gegenkommando (z. B. „Lauf“) wieder auf.

Kommentieren Sie ein eventuelles Springen mit einem energischen „Ab“ und loben Sie Ihren Belgier ausgiebig, wenn er unten bleibt.

Fordern Sie eine Ersatzhandlung vom Hund, damit er Sie nicht anspringt.

Knabber- und Beißspiele

Absolut unerwünscht ist das Beknabbern und Zerbeißen von Schuhen oder Ähnlichem. Der wedelnde Teenager zwickt auch gerne in Hände, Füße und (Hosen-)Beine. Zwar ist das Knabbern nicht generell schlecht, immerhin nimmt der Junghund damit seine Umgebung ganz genau unter die Lupe; neue Dinge lernt er also auf diese Weise erst einmal kennen. Trotzdem müssen Sie dieses Verhalten zuhause in die richtigen Bahnen lenken. Am besten bekommt Ihr Schäferhund gar keine Gelegenheit, an Ihre Schuhe oder Socken zu gelangen. Hat er doch einmal etwas Unerlaubtes zwischen den Zähnen, nehmen Sie es ihm mit einem energischen „Nein“ weg. Nach einer kurzen Pause lenken Sie ihn mit einem kleinen Spiel ab, und geben ihm anschließend ein erlaubtes Kauspielzeug. In dieser Phase ist es besonders wichtig, dem Vierbeiner genügend „legale“ Knabberspielsachen aus Hartgummi, Hartholz oder Büffelhaut zur Verfügung zu stellen, denn häufig kaut der Welpe schon aus Langeweile. Ebenfalls unerlässlich ist natürlich eine angemessene Auslastung durch Spaziergänge und Spiele.

Durch Beknabbern nimmt ein Welpe erst einmal alles ganz genau unter die Lupe.

Vergreift sich Ihr Belgischer Schäferhund im Spiel zu fest an Ihrer Hand, reagieren Sie erneut mit einem „Nein“ und fassen ihm über seine Schnauze. Beenden Sie das Spiel sofort. Bald stellt der Kleine sein Zwicken ein, denn der stets folgende Spielentzug macht das Beißen unattraktiv.

Betteln

Füttern Sie Ihren Hund am Tisch, fordert Ihr Belgischer Schäferhund mit der Zeit seinen Obolus schon durch vehementes Betteln ein. Selbst wenn Sie dieses Verhalten nicht stört, fallen Ihr Junghund und damit auch Ihre Erziehung bei Besuchern oder in einer eventuellen Pflegestelle doch sehr negativ auf. Damit es erst gar nicht so weit kommt, richten Sie Ihrem Vierbeiner von Anfang an einen eigenen, festen Futterplatz ein; nur hier wird er gefüttert. Während Ihrer Mahlzeit muss Ihr Vierbeiner auf seinem Platz liegen. Möchten Sie ihm dennoch ein kleines Stückchen Wurst oder Käse von Ihrer Brotzeit aufheben, geben Sie es dem Hund trotzdem erst in seine Futterschüssel, wenn Sie mit Essen fertig sind.

Futterklau

Viele Hunde klauen bei jeder Gelegenheit wie die Raben alles Essbare vom Tisch. Dies ist dem Vierbeiner nur schwer abzugewöhnen, denn es handelt sich dabei um ein selbst belohnendes Verhalten: Der Hund wird mit dem geklauten Futter umgehend für seine Tat belohnt. Diese Verstärkung bringt Ihren Hund also dazu, die unerlaubte Handlung immer wieder durchzuführen. Am besten lassen Sie nichts Essbares in Reichweite Ihres Belgischen Schäferhundes liegen.
Schimpfen Sie Ihren Hund nur, wenn Sie ihn auf frischer Tat ertappen, ansonsten hat er seinen Diebstahl vergessen und bringt die Strafe mit Ihrer Rückkehr in Verbindung. Einen Futterklau können Sie auch provozieren und gleich mit einem schlechten Erlebnis für den Vierbeiner kombinieren: Träufeln Sie beispielsweise etwas Zitronensaft über Ihr verlockendes Essen und lassen Sie Ihren Vierbeiner damit alleine. Möchte er nun den vermeintlichen Leckerbissen klauen, wird er sein saures Wunder erleben und Ihr Essen in Zukunft meiden.

Springen auf Möbel

Hunde springen gerne auf das Bett, die Couch oder einen Sessel, denn sie lieben erhöhte Sitz- und Liegeplätze. Neben dem gemütlichen Liegekomfort spielt hier auch die tolle Rundumsicht, mit der Hund stets alles im

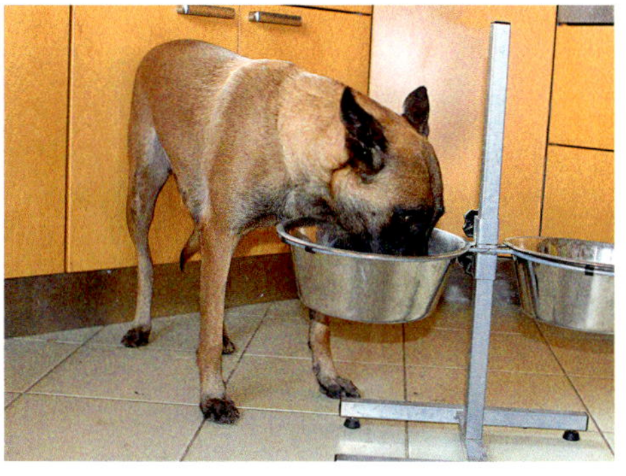

Stecken Sie Ihrem Belgier keine Häppchen vom Tisch zu und füttern Sie ihn nur an seinem eigenen Futterplatz.

Wenn überhaupt sollte ein Hund nur auf Ihre Erlaubnis hin das Sofa aufsuchen und auf Ihre Aufforderung auch wieder verlassen.

Blick hat, eine Rolle. Im Prinzip spricht nichts dagegen, wenn er auf Kommando hinauf- und besonders auch wieder hinabspringt. Tut er das nicht, oder nur unter Protest, lassen Sie ihn gar nicht mehr auf das Sofa. Eine Bestrafung nützt dann allerdings nur, wenn Sie den Täter prompt überführen. Machen Sie Ihrem Vierbeiner bevorzugte Liegeflächen wie Bett oder Couch während Ihrer Abwesenheit so ungemütlich wie möglich: Legen Sie eine dünne Decke aus, unter der Sie lärmende Gegenstände wie Topfdeckel oder mit Kieselsteinen gefüllte Blechdosen verstecken. Springt Ihr Hund nun auf das so präparierte Sofa, erschrickt er durch die laut scheppernden Dinge. Auch der Liegekomfort ist dadurch stark beeinträchtigt, Ihre Couch verliert somit schnell ihren Reiz. Manchmal reicht es sogar schon, den verbotenen Platz mit beidseitigem Klebeband zu präparieren: Bei jeder Berührung ziept es, weil einige Haare daran hängen bleiben.

Übermäßiges Bellen

Dauerkläffen kann verschiedene Ursachen haben. Viele Hunde bellen, um mehr Aufmerksamkeit zu bekommen. Ihre wütende Reaktion reicht ihnen meist schon als Bestätigung und Motivation weiterzumachen. Andere Vierbeiner bellen aus Unsicherheit oder Angst: Etliche sensible Vertreter werden gerade während Ihrer Abwesenheit aus Verlassensangst laut (siehe Seite 61 „Alleinbleiben"). Manchen Kläffern wurde das Bellen auch unbewusst anerzogen: Vor allem bei Junghunden wird das Anschlagen häufig in bestimmten Situationen durch eine Belohnung gefördert. Oft steigern sich Hunde immer weiter in ihr Kläffen hinein, gerade Belgische Schäferhunde sind zudem äußerst wachsam. Um übermäßiges Bellen abzustellen, ist in erster Linie eine intensive, auslastende Beschäftigung wichtig. Fordern Sie Ihren Schäfer mit einer alternativen Aufgabe. Loben und Belohnen Sie Ihren Hund in Bellpausen ausgiebig. Lassen Sie Ihren redseligen Vierbeiner während seiner „Arie" ins „Platz" gehen: Im Liegen fühlen sich Hunde unsicherer und möchten nicht noch zusätzlich auf sich aufmerksam machen. Auch ein großer Kauknochen kann hilfreich sein. Bellt Ihr Belgischer Schäferhund im Garten oder auf dem Balkon, wirkt eine Wasserpistole mit größerer Reichweite Wunder: Der Hund wird überraschend getroffen und verbindet die Strafe nicht mit Ihrer Hand.

Eine große Wachsamkeit, verbunden mit Langeweile, kann zu lästigem Dauerkläffen führen.

Grundkommandos

„Sitz"

Reagiert Ihr Belgier zuverlässig auf seinen Namen, beginnen Sie mit der „Sitz"-Übung. Nehmen Sie hierfür ein Leckerli in die Hand, zeigen Sie es Ihrem Hund, damit er aufmerksam wird, aber geben Sie es ihm noch nicht. Führen Sie nun den Futterbrocken langsam an der Nasenspitze des Vierbeiners vorbei nach oben und dann nach hinten, in Richtung Hundestirn. Weil Ihr haariger Schüler dem verlockenden Leckerbissen folgen möchte, muss er sich am Ende Ihrer Handbewegung zwangsläufig hinsetzen. Belohnen Sie ihn jetzt sofort mit der Leckerei, sagen Sie dabei das Kommando „Sitz". Wiederholen Sie diese Übung mehrmals täglich. Auch bei dieser Übung sind Geduld und Selbstbeherrschung gefordert, außerdem ist das richtige Timing der Belohnung sehr wichtig. Sprechen Sie so lange nicht mit Ihrem Schüler, bis er sich setzt. Erst im Moment des Hinsetzens sagen Sie mehrmals hintereinander „Sitz" und belohnen den Welpen mit Futter. Verwenden Sie zusätzlich zur Sprache ein Sichtzeichen (z. B. erhobener Zeigefinger). Später genügt das visuelle Signal, damit Ihr Belgischer Schäferhund absitzt. Das Erlernen von Sichtzeichen kann Ihnen und Ihrem Hund vor allem auf die Entfernung hin sehr nützlich sein. In der Regel lernen Hunde das „Sitz" sehr schnell.

Mithilfe eines Leckerlis lernt ein Belgischer Schäferhund das „Sitz" sehr schnell.

Aufgepasst!

Trainieren Sie mit Ihrem Hund nur, wenn Sie seine volle Aufmerksamkeit haben. Machen Sie sich für Ihren Vierbeiner zunächst also mit einem Leckerli oder seinem Lieblingsspielzeug interessant. Beginnen Sie die Übung erst, wenn Ihr Vierbeiner genau auf Sie achtet.

„Platz"

Das Einüben des „Platz"-Befehls ist häufig schwieriger als das Erlernen des Kommandos „Sitz", weil das Hinlegen auf Befehl vom Hund als Unterordnung empfunden wird. Nicht jeder Vierbeiner möchte sich so einfach ergeben, daher kann es hierbei vor allem mit sehr selbstbewussten Hunden Probleme geben.

Lassen Sie Ihren Belgischen Schäferhund zunächst vor Ihnen absitzen und anschließend an Ihrer Hand schnuppern, in der ein Leckerli versteckt ist. Gehen Sie dann mit Ihrer verlockend duftenden Hand von der Hundenase abwärts zwischen den Vorderbeinen des Hundes bis auf den Boden; dort angekommen ziehen Sie das Leckerli langsam zu sich her. Da Ihr haariger Schüler dem Futterbrocken mit der Nase folgen möchte, wird er sich aus Be-

Das Einüben des „Platz" ist manchmal etwas schwieriger, da das Hinlegen auf Kommando vom Hund als Unterordnung empfunden wird.

quemlichkeit am Ende von selbst hinlegen, um besser an Ihre Hand zu gelangen. Sagen Sie genau in diesem Moment „Platz", loben Sie den Hund ausgiebig und belohnen Sie ihn mit dem Leckerli. Diese Übung funktioniert auch, wenn Sie sich auf den Boden knien, ein Bein nach vorne ausstrecken und den Hund mit einem Leckerli unter Ihrem gestreckten Bein hindurch locken. Klappt das „Platz", führen Sie ein zusätzliches Sichtzeichen ein. Winkeln Sie dafür beispielsweise Ihren Unterarm im 90°-Winkel an und strecken Sie ihn langsam nach unten aus; Ihre Handfläche bleibt dabei ebenfalls ausgestreckt.

Lern-Tipps

Trainieren Sie kein neues Kommando ehe das vorher angefangene nicht sicher klappt! Üben Sie nie mit Ihrem Hund, wenn Sie gestresst und schlecht gelaunt sind oder keine Zeit haben. Ihre negative Stimmung überträgt sich sofort auf Ihren vierbeinigen Schüler; er ist dadurch verunsichert und bekommt unter Umständen eine Lernblockade. An erster Stelle des Trainings muss immer Spaß und gute Laune stehen.

„Bleib"

Das Kommando „Bleib" wird in der Hundeerziehung meist unterschätzt. In vielen Situationen kann es von großer Bedeutung sein, den Vierbeiner in einer bestimmten Position verharren zu lassen, beispielsweise vor dem Bäcker, im offenen Kofferraum, an einer Straße oder um den Hund von der Verfolgung von Wild oder einer Katze abzuhalten. Am einfachsten lernt Ihr Belgischer Schäferhund den Befehl „Bleib" über die Grundkommandos „Sitz" und „Platz". Lassen Sie Ihren Vierbeiner zunächst vor Ihnen absitzen oder abliegen. Kombinieren Sie dabei das „Sitz" oder „Platz" ab jetzt mit dem Wort „Bleib". Verwenden Sie zusätzlich von Anfang an folgendes Sichtzeichen: Ihre Handfläche zeigt am ausgestreckten Arm zu Ihrem Hund. Dies symbolisiert Ihrem Schäferhund ein Stopp bzw. ein Verharren in der momentanen Position. Erstrecken Sie das „Bleib" anfangs nur über eine sehr kurze Zeitspanne und steigern Sie diese erst allmählich.

Sparen Sie wie immer nicht mit Lob. Schimpfen Sie andererseits nicht, wenn Ihr wedelnder Schüler zunächst nicht in der gewünschten Stellung bleibt. Hier helfen nur Geduld und ein wortloses erneutes In-Position-Bringen unter Verwendung der entsprechenden Befehle (z. B. „Sitz und Bleib") und des Sichtzeichens. Vergrößern Sie neben dem Zeitfaktor allmählich auch die Entfernung zum Hund. Erhöhen

Das „Bleib" bewährt sich, um einen Hund am unangebrachten Lospreschen zu hindern.

Auch für gelungene Fotoaufnahmen ist das „Bleib" hilfreich.

Sie den Schwierigkeitsgrad nach und nach, indem Sie die Übungsorte wechseln und außerdem Ablenkungen für Ihren Belgier schaffen, auf die er natürlich nicht reagieren darf (z. B. durch Geräusche, Gegenstände, andere Menschen, andere Hunde). Selbst wenn Sie außer Sichtweite sind, sollte Ihr vierbeiniger Gefährte schließlich in der gewünschten Position verharren. Erschweren Sie die Übung immer erst dann, wenn der vorausgegangene Schritt wirklich sitzt und heben Sie das Kommando immer erst durch ein Gegenkommando wie „Lauf" wieder auf. Beherrscht Ihr haariger Kamerad das Kommando „Bleib" perfekt, können Sie es ab jetzt in Ihren Alltag integrieren und Ihren vierbeinigen Musterschüler beispielsweise in Erwartung eines leckeren Mitbringsels vor einem Supermarkt warten lassen oder als ruhig verharrendes Fotomodell „einspannen".

Wichtiges Auflösungskommando

Vergessen Sie nicht, Befehle wie „Sitz", „Platz", „Bleib" oder „Hier" durch ein entsprechendes Gegenkommando wie beispielsweise „Lauf" wieder aufzuheben.
Achtung: *Besonders zu Beginn der Ausbildung ist es sehr wichtig, ein Kommando schnell wieder aufzulösen. In jedem Fall bevor der Hund von sich aus aufsteht und die Übung nach seinem Ermessen beendet!*

„Hier"

Trainieren Sie das Herkommen zunächst in einem abgeschlossenen Terrain, in dem sich für den Hund möglichst wenige Ablenkungen bieten. Stellen Sie sich in kurzer Distanz vor den Hund hin und gehen Sie in die Hocke. Ist Ihr Belgischer Schäferhund voll auf Sie konzentriert, rufen Sie ihn beim Namen. Läuft er in Ihre Richtung, geben Sie sofort das Kommando „Hier" (aber immer nur einmal). Lo-

Diese beiden zeigen das „Hier" in Perfektion.

cken Sie Ihren Hund zusätzlich mit einem Leckerli oder seinem Lieblingsspielzeug. Kommt der Vierbeiner auf Sie zu, loben und belohnen Sie ihn ausgiebig. Vergrößern Sie die Distanz nach und nach. Gehen Sie jedoch wie immer erst zur nächsten Trainingseinheit über, wenn die Vorherige sicher sitzt. Loben Sie den Vierbeiner wieder überschwänglich, wenn er bei Ihnen ankommt.

Klappt das „Hier" zuverlässig in abgeschlossenem Terrain, beginnen Sie mit ersten Übungen im freien Feld. Dabei erweist sich eine leichte, 10 m lange Schleppleine als hilfreich. Lassen Sie die Leine neben dem Hund schleifen. Reagiert er nicht auf das Kommando „Hier", ziehen Sie ganz sanft und kommentarlos an der Leine bis Ihr Belgischer Schäferhund von selbst in Ihre Richtung läuft; dann loben Sie ihn sofort wieder. Schnell lernt Ihr haariger Gefährte, Ihren verlängerten Arm zu respektieren und zuverlässig auf Befehl zu kommen, auch wenn Ablenkungen in der Nähe sind.

Die tägliche Fütterung eignet sich ebenfalls als Lockmittel. Wartet der Hund beispielsweise hungrig auf sein Futter, bringen Sie ihn in ein anderes Zimmer und lassen ihn dort von einer Hilfsperson festhalten. Gehen Sie dann zurück zum Napf und rufen „Hier" oder benutzen Sie die Hundepfeife. Der Vierbeiner wird losgelassen und rennt sofort zu Ihnen beziehungsweise seinem heiß ersehnten Fressen. Mit dieser Methode verknüpft Ihr Belgischer Schäferhund den gerufenen „Hier"-Befehl, der dem Pfiff auf der Hundepfeife entspricht, immer mit etwas Angenehmem.

Kommt Ihr Hund mehr oder weniger zufällig zu Ihnen, sagen Sie erneut sofort das Kommando „Hier" und loben und belohnen Sie ihn überschwänglich. Auch dieses Zufallsprinzip ist Erfolg versprechend.

Ein gelegentliches Verstecken kann ebenfalls für das Herkommen hilfreich sein, immerhin möchte Ihr Vierbeiner Sie als seine Bezugsper-

Machen Sie sich interessant

Macht Ihr Hund keine Anstalten, auf Befehl zu Ihnen zurückzukommen, sind Sie sicherlich zu uninteressant für ihn. Versuchen Sie die Aufmerksamkeit Ihres Vierbeiners mit einer spannenden Stimme, dem Zeigen eines Leckerlis, einer lustigen Spielaufforderung oder einem Sprint in die entgegengesetzte Richtung zu erreichen. Erst dann wird er auf Ihr Kommando reagieren.

Kommt Ihr Hund erst nach längerem Warten zu Ihnen zurück, schimpfen Sie ihn auf keinen Fall, denn dann verbindet er die Schelte gerade mit seiner Rückkehr. Er hat längst vergessen, dass er nicht auf den „Hier"-Befehl gehört hat.

son nicht verlieren. Die Bindung zu Ihnen wird dadurch vertieft. Loben und belohnen Sie Ihren Schäferhund auch in diesem Fall ausgiebig, wenn er zu Ihnen kommt.

Lob und Strafe

Lob ist in der Hundeerziehung der Schlüssel zum Erfolg. Belohnen Sie jeden Schritt in die richtige Richtung eines erwünschten Verhaltens sofort, auch wenn Ihr Hund zufällig handelt. Nur so motivieren Sie Ihren Vierbeiner, aus Spaß an der Freude mit Ihnen weiterzuarbeiten. Richten Sie die Art der Belohnung individuell nach den Vorlieben Ihres Belgischen Schäferhundes: Manche Hunde freuen sich schon sehr über ein gesprochenes Lob und Streicheleinheiten, andere bevorzugen Leckerlis; einige Vertreter sind glücklich, wenn sie ihr Lieblingsspielzeug bekommen, wieder andere empfinden ein lustiges Spiel als tolle Belohnung.

Setzen Sie Strafen dagegen nicht in Form von körperlicher Gewalt ein: Eine körperliche Züchtigung kann, abgesehen von einem raschen Vertrauensbruch, sogar als positive Verstärkung wirken, schließlich bekommt der Vierbeiner damit Aufmerksamkeit bzw. Zuwendung, auch wenn diese negativer Art ist. Sie bestärkt ihn wiederum in seinem Fehlverhalten und veranlasst ihn dazu, weiterzumachen.

Deutlich wirkungsvoller als Gewalt ist der Entzug von Zuwendung, wenn es die Situation zulässt. Ignorieren Sie unerwünschtes Verhalten also einfach. Bellt Ihr Hund beispielsweise übermäßig, beachten Sie es nicht; belohnen Sie andererseits aber jede Bellpause. So lernt Ihr vierbeiniger Freund, dass sich Nicht-Bellen mehr auszahlt als Kläffen. Wirkungsvoll ist außerdem, Ihren Vierbeiner mit einem energischen „Nein" und „Geh Körbchen" auf seinen Platz zu schicken und ihn dort zu ignorieren. Das Umfassen der Hundeschnauze mit der flachen Hand von oben (Schnauzgriff) ist hilfreich, um die Randordnung klarzustellen. Damit wird das Zurechtweisen eines ranghöheren Rudelmitglieds über den Nasenrücken des Untergebenen nachgeahmt. Bestimmte Angewohnheiten können Sie Ihrem Hund auch abgewöhnen, indem Sie ihm seine Ma-

Belohnen Sie einen Welpen bereits, wenn er mehr oder weniger zufällig zu Ihnen kommt und unterstreichen Sie sein Herkommen gleich mit dem Kommando „Hier".

Lob ist in der Hundeerziehung das A und O. Sparen Sie also nicht damit.

cken einfach verleiden oder seine Aufmerksamkeit auf etwas Erlaubtes umlenken (siehe Seite 63ff. „Abgewöhnen von Jugendsünden").

Fazit Sparen Sie in der Hundeerziehung also nicht mit Lob und Belohnung; Strafen Sie dagegen nur wohldosiert und gut überlegt, denn das Vertrauen eines Vierbeiners ist durch unüberlegtes Handeln schneller zerstört, als es sich später wieder aufbauen lässt.

Bitte beachten Sie Schwerwiegende Verhaltensauffälligkeiten wie Schnappen oder Beißen dürfen selbstverständlich nicht ignoriert werden. Wenden Sie sich in einem solchen Fall unbedingt an einen kompetenten Hundetrainer.

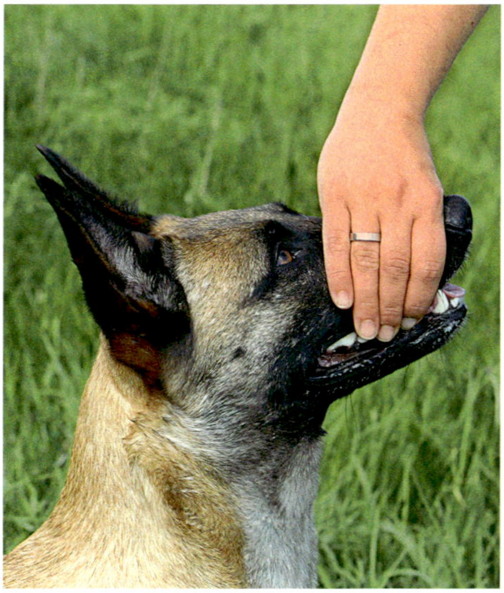

Der Schnauzgriff orientiert sich an der natürlichen Zurechtweisung von Hunden untereinander.

Gewisse Pflegemaßnahmen sind bei Hunden unerlässlich. Gewöhnen Sie daher am besten schon Ihren Welpen an die wichtigsten Handgriffe.

Pflege

Die wichtigsten Pflegemaßnahmen

Zwar sind alle Varietäten des Belgischen Schäferhundes äußerst pflegeleicht, bestimmte Pflegemaßnahmen jedoch sind bei allen Hunden unerlässlich. Daher gewöhnen Sie am besten schon Ihren Welpen an die wichtigsten Handgriffe. Gehen Sie grundsätzlich bei allen Pflegemaßnahmen sanft und behutsam vor. Macht das Hundekind hier schlechte Erfahrungen oder dauert es ihm zu lang, wird es Körperpflege zukünftig als unangenehm empfinden und ihr lieber aus dem Weg gehen wollen. Pfotenabputzen und Stillhalten beim Bürsten müssen erst einmal gelernt werden. Führen Sie Ihren Welpen auch möglichst frühzeitig an die Augen-, Ohr-, Zahn- und Krallenkontrolle heran. Bleibt Ihr Hundekind bei der Pflege ruhig und gelassen, belohnen und loben Sie es ausgiebig. Wehrt sich dagegen Ihr junger Vierbeiner oder wird er albern, bringen Sie ihn mit einem bestimmten „Nein" zur Ruhe. Hält er wieder still, loben Sie ihn und belohnen ihn zudem mit einem sofortigem Übungsende.

Fellpflege

Wölfe haben ihre ganz eigene Art der Fellpflege: Sie nehmen Sand- und Schlammbäder, die gleichzeitig wie eine Massage wirken und die Talgdrüsen der Haut anregen. Die Haare werden durch Lecken gereinigt, wobei der Speichel dabei Keime abtötet. Unsere Hunde verhalten sich ganz ähnlich, allerdings entspricht diese Art der Fellpflege nicht unserem hygienischen Verständnis, sodass wir hier gerne nachhelfen. An das Bürsten gewöhnt sich der Belgische Schäferhund in der Regel schnell, denn bald merkt er, dass Fellpflege auch eine sehr angenehme Massage sein kann, die hervorragend die Durchblutung der Haut anregt. Bürsten Sie immer mit dem Strich, also in Haarwuchsrichtung von vorne nach hinten und untersuchen Sie Ihren wedelnden Freund nebenbei gleich auf einen eventuellen Parasitenbefall oder Hautverletzungen. Fassen Sie

Auch die langhaarigen Rassevertreter haben im Grunde genommen ein sehr pflegeleichtes Fell.

bei den langhaarigen Belgiern in das Fell des Hundes und bürsten Sie die leicht festgehaltenen Haare unter ihrer Hand hervor. Der kurzhaarige Malinois wird einfach mit dem Strich gebürstet und der rauhaarige Laekenois muss die losen Haare ausgezupft bekommen. Die feineren Haare an den Ohren, den Läufen, den Hosen und der Rute verfilzen bei den langhaarigen Belgiern manchmal und bedürfen daher

Verschmutzungen im Fell der Belgischen Wasserratten entfernen sich von selbst bei einem erfrischendem Bad.

einer regelmäßigen Kontrolle. Normalerweise reicht es aus, den Belgier nur während des Fellwechsels ausgiebig zu bürsten. Es ist nicht ratsam, das Fell regelmäßig richtig durchzubürsten, denn damit provozieren Sie nur ein ständiges Haaren, die Haare brechen und werden stumpf.

Unterstützen Sie den Haarwechsel von innen mit einer über das Futter gestreuten Kräutermischung aus Löwenzahn, Birkenblättern, Brennnesseln und Ackerschachtelhalm. Spitzwegerich, Kerbel und Petersilie helfen aufgrund ihres hohen Vitamingehalts, das Immunsystem anzuregen. Entsprechende Fertigpräparate gibt es inzwischen im Fachhandel zu kaufen.

Der Belgier ist ein Hund, dessen Fell kaum Eigengeruch hat. Ein Bad ist nur nötig, wenn sich der Vierbeiner in etwas Übelriechendem gewälzt hat. Benutzen Sie dann ein mildes Baby- oder Hundeshampoo, das wieder gut ausgespült werden muss. Rubbeln Sie den Hund anschließend gut trocken und lassen sie ihn an einem zugfreien Platz ruhen.

Ist der Hund nach einem Spaziergang im Regen völlig verdreckt, genügt ein Abspritzen mit dem Gartenschlauch oder ein Baden der Pfoten in einem Eimer. Danach auch hier wieder gut abtrocknen. Die meisten Belgier schwimmen gerne, auf diese Weise können sie sich auch selbst gut reinigen.

Pfoten

Nützen sich die Krallen Ihres Belgischen Schäferhundes nicht auf natürliche Weise ab, müssen sie von Zeit zu Zeit geschnitten werden, damit sie nicht abbrechen. Führen Sie Ihren Welpen hier ganz langsam und in kleinen Schritten heran: Nehmen Sie zunächst immer wieder abwechselnd eine seiner Pfoten auf und halten Sie diese kurz in der Hand. Fasst der Hund Ihr Vorgehen als lustiges Spiel auf oder will er seine Pfote wegziehen, korri-

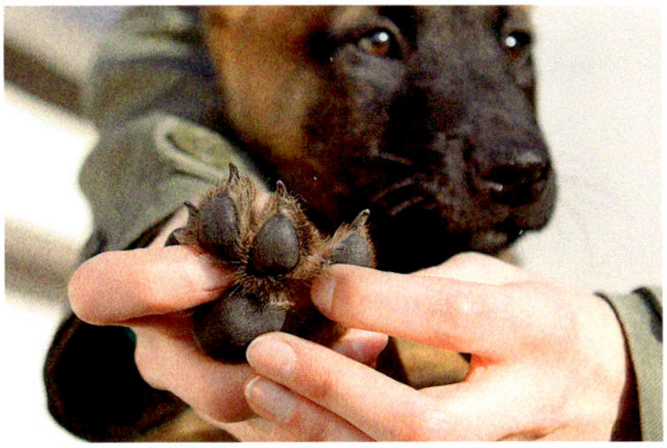
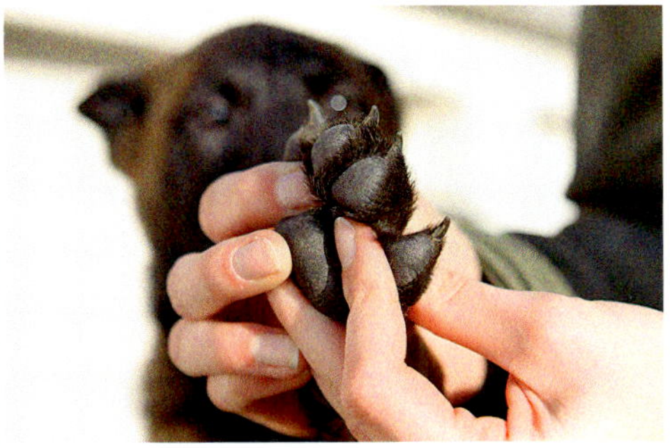

Krallen- und Ballenpflege sollten am besten ebenfalls von klein auf geübt werden.

gieren Sie ihn mit einem energischen „Nein“; bleibt er ruhig, loben Sie ihn ausgiebig. Zum Krallenschneiden verwenden Sie eine spezielle Zange aus dem Fachhandel. Achten Sie darauf, dass Sie keine Blutgefäße verletzen. Am besten lassen Sie sich die richtige Technik erst einmal von Ihrem Tierarzt zeigen.

Das Pfotenabputzen üben Sie ebenfalls durch das abwechselnde Aufnehmen der Pfoten. Möchte Ihr Junghund während des Abputzens in das Handtuch beißen, reagieren Sie erneut mit einem „Nein“. Verhält er sich dagegen brav, winkt am Ende wieder eine Belohnung. Im Winter empfiehlt sich zusätzlich eine regelmäßige Ballenkontrolle, denn durch das viele Streusalz wird die Pfotenunterseite leicht trocken oder rissig; Abhilfe schaffen Einreibungen mit Hirschtalg, Melkfett oder Vaseline.

Augen, Ohren, Zähne

Besonderer Behutsamkeit bedarf das Heranführen an die Augenpflege. Streichen Sie Ihrem Welpen schon im Spiel oder während des Streichelns immer wieder kurz über die Augen. Sekret oder Verkrustungen in den Augenwinkeln entfernen Sie später mit einem weichen, feuchten, sauberen Tuch. Im Zoofachhandel bekommen Sie hierfür spezielle Pflegetücher.

Auch die Ohren sollten Sie öfter kontrollieren. Achten Sie darauf, dass sich weder Krusten oder Fremdkörper im Ohr befinden noch Haare in den Gehörgang wachsen. Eventuell vorgefundene, unangenehme Parasiten müssen schnell behandelt werden. Halten Sie das Hundeohr sauber, damit es nicht zu schmerzhaften Entzündungen durch Bakterien oder Pilze kommt. Verwenden Sie für die Säuberung des Gehörgangs jedoch keine Wattestäbchen, sondern nur spezielle Flüssigreiniger vom Tierarzt.

Eine regelmäßige Zahnkontrolle führen Sie am besten von klein auf bei Ihrem Belgischen Schäferhund durch. Während des Zahnwech-

Zahnwechsel bei Welpen

Der Zahnwechsel beginnt etwa im vierten Lebensmonat Ihres Hundes. Geben Sie Ihrem Vierbeiner in dieser Zeit genügend Kaumaterial wie Büffelhautknochen und Spielzeug aus Hartgummi oder Hartholz. Gegen eventuell auftretende Schmerzen helfen, wie bei Babys, das zuckerfreie Dentinox-Gel aus Kamillenblüten oder das homöopathische Kombi-Präparat Osanit. Fällt ein Milchzahn auch nach längerer Zeit nicht von selbst aus, obwohl schon der neue Zahn sichtbar ist, lassen Sie den alten vom Tierarzt ziehen, um Gebissfehlstellungen zu vermeiden.

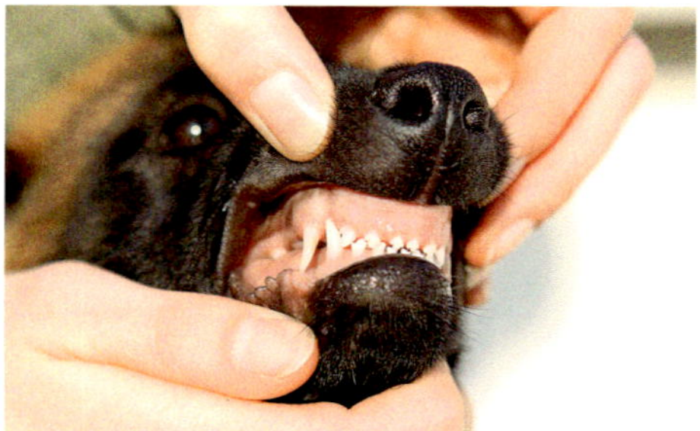

Gewöhnen Sie schon den jungen Hund an eine Zahnkontrolle.

Kontrollieren Sie die Ohren Ihres Hundes regelmäßig auf eventuelle Verschmutzungen hin.

Die wichtigsten Pflegeutensilien

- ✓ Je nach Haarart Ihres Hundes Bürste und Kamm
- ✓ Flüssiger Ohrreiniger vom Tierarzt
- ✓ Reinigungstücher für die Augen
- ✓ Hundezahnbürste und -pasta bzw. Kaustripes zur Zahnpflege

- ✓ Krallenschere
- ✓ Vaseline, Hirschtalg oder Melkfett zur Ballenpflege
- ✓ Zeckenzange

Suchen Sie Ihren Belgischen Schäfer regelmäßig nach Zecken ab, denn diese können gefährliche Krankheiten übertragen.

Weitere Pflege-Tipps

Auch regelmäßige Impfungen gegen Staupe, Hepatitis, Leptospirose, Parvovirose und Tollwut sowie Entwurmungen gehören zu den obligatorischen Pflegemaßnahmen bei einem Hund. Um einen Parasitenbefall zu vermeiden, ist außerdem ein sauberer Schlafplatz wichtig: Verwenden Sie nur Decken, Kissen oder Polster, die maschinenwaschbar sind. Untersuchen Sie Ihren Hund zudem von Frühjahr bis Herbst täglich auf Zecken, denn diese könnten Ihren Hund mit Borreliose infizieren. Spezielle Präparate schützen vor starkem Zeckenbefall. Lassen Sie sich bei der Wahl des richtigen Mittels von Ihrem Tierarzt beraten.

sels braucht der junge Vierbeiner genügend Kaumaterial (siehe Kasten auf Seite 75). Harte Leckereien zwischendurch entfernen schädliche Beläge. Zur dauerhaften Gesunderhaltung von Zähnen und Zahnfleisch empfiehlt sich regelmäßiges Zähneputzen; hierfür gibt es im Zoofachhandel oder bei Ihrem Tierarzt Hundezahnbürsten und -pasten. Aber auch zahnpflegende Kau-strips haben sich bewährt. Allerdings sind diese in Hundekreisen wohl Geschmacksache und nicht bei jedem Vierbeiner beliebt.

Ein Handtuch im Auto ist an Schmuddelwetter-Tagen praktisch, denn damit kann der Vierbeiner schon vor dem Einsteigen gesäubert werden.

Schmuddelwetter-Tipps

Das wichtigste Utensil an Schlechtwettertagen ist sicherlich ein Handtuch. Um Ihren Belgischen Schäferhund schon vor dem Einsteigen ins Auto gründlich abrubbeln zu können, lagern Sie dort am besten ein Tuch griffbereit. Im Fahrzeug selbst hat es sich bewährt, den Hundeplatz mit einer waschbaren Decke oder einer Gummischmutzfangmatte auszustatten: Beide Teile sind leicht separat zu reinigen, ohne dass Sie gleich das ganze Auto einer Komplettreinigung unterziehen müssen. Ebenfalls möglich ist die Unterbringung des nassen Hundes in einer mit saugfähigen Tüchern ausgelegten Transportbox, denn auch diese ist einfach zu säubern und begrenzt den Schmutzeintrag auf eine kleine Fläche.

Legen Sie ein weiteres Handtuch vor die Haustür, mit dem Sie Ihren Belgischen Schäferhund bereits vor der Wohnung gründlich

Schicken Sie Ihren Belgischen Schäferhund ohne Umwege ins Körbchen, wenn er nach der Rückkehr vom Spaziergang noch nicht ganz trocken ist. Dann hat er keine Gelegenheit, den Schmutz in der ganzen Wohnung zu verteilen.

abrubbeln können. So bleibt der größte Dreck auf jeden Fall draußen.
Kann Ihr haariger Kamerad jederzeit zwischen Haus und Garten frei pendeln, empfiehlt sich ein feuchtes oder gut saugendes Tuch auf dem Boden des Verbindungsbereiches. Läuft Ihr Hund nun in die Wohnung, tritt er sich schon ganz automatisch die Pfoten auf seinem „Eingangsteppich“ ab.
Gerade in der Schmuddelwetterzeit ist es sehr vorteilhaft, wenn Ihr Vierbeiner auf Kommando seinen Platz aufsucht und dort so lange bleibt, bis Sie den Befehl wieder aufheben. Ist Ihr haariger Begleiter also noch nicht ganz trocken, können Sie ihn sofort nach der Rückkehr vom Spaziergang in sein Körbchen schicken, ehe er überhaupt die Gelegenheit hatte, den Dreck im ganzen Haus zu verteilen. Für einen noch feuchten Vierbeiner ist ein Hundeplatz an einem relativ warmen und vor allem zugluftfreien Platz angebracht.
Mit etwas Geduld und Geschick des Hundeführers lernen besonders eifrige Vierbeiner auch, sich bereits vor dem Haus auf Befehl zu schütteln oder auf dem Fußabstreifer die Pfoten abzuputzen. Gewöhnen Sie Ihrem Vierbeiner außerdem von vornherein ab, Sie oder andere Menschen anzuspringen. Besucher mit hellen Hosen werden nicht wirklich von einer stürmischen Begrüßung Ihres nassen Belgischen Schäferhundes begeistert sein.
Für Sie als begleitender Zweibeiner ist ein extra Schlechtwetter-Dress ratsam, das heißt: Tragen Sie lieber ältere, zweckdienliche Kleidung und nicht gerade die tollsten Neuerwerbungen. Auch eine Regenhose ist praktisch: Sie schützt Ihre Jeans vor Nässe und Schmutz. Gummistiefel dürfen in keinem Hundehaushalt fehlen, so bleiben gute Halbschuhe an Schlechtwettertagen trocken.

Das ist die pure Freude am Leben!

Wellness für den Belgischen Schäferhund

Wellness macht Spaß und zwar nicht nur uns Menschen. Mit entsprechenden Maßnahmen können Sie auch Ihrem Belgischen Schäferhund etwas Gutes tun. Sichtlich wird er es genießen, sich einmal so richtig von Ihnen verwöhnen zu lassen.

Bachblüten und Homöopathie

Bestimmte Bachblüten und homöopathische Mittel verhelfen Ihrem Hund zu neuen Kräften. So wirken beispielsweise die Blüten Centaury, Chicory, Clematis und Crap Apple entschlackend und reinigend. Crap Apple hat außerdem eine ausgleichende Wirkung auf den Stoffwechsel und das Immunsystem. Centaury erfrischt und vitalisiert. Olive stellt das innere Gleichgewicht bei Erschöpfung

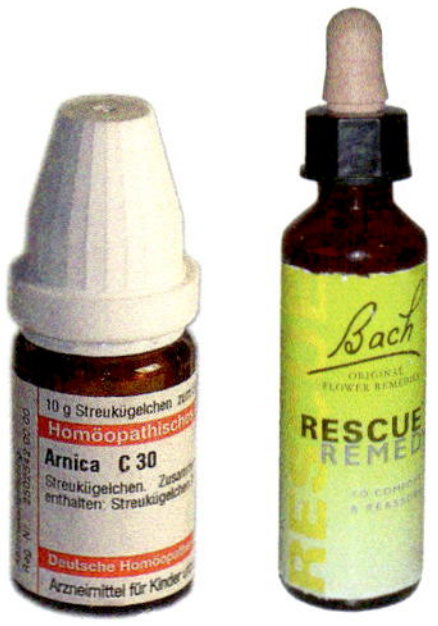

Bachblüten und homöopathische Mittel bewähren sich auch im Wellnessbereich.

wieder her, Agrimony stärkt und schützt vor Überbelastung. Die Abwehrkräfte Ihres Belgischen Schäferhundes werden mit Echinacea-Globuli gestärkt. China und Ignatia haben sich bei Erschöpfungszuständen und Stress bewährt. Gegen Muskelkater und Überanstrengung eignen sich Arnica und Traumeel. Bei Verspannungen kann Magnesium phosphoricum helfen.

Inzwischen gibt es schon fertige Bachblütenmischungen oder homöopathische Präparate im Zoofachhandel zu kaufen. Möchten Sie jedoch tiefer in die Materie einsteigen, lassen Sie sich von einem erfahrenen Therapeuten beraten.

Mit Massage, Akupressur und TTouch© entspannen

Eine wohltuende Massage darf in keinem Verwöhnprogramm fehlen. Sie erfolgt am besten in Bauch- oder Seitenlage des Hundes. Dabei können Sie in einfachen, geraden Linien streicheln oder in Wellen. Auch ein Kreisen Ihrer Handflächen wirkt entspannend. Variieren Sie zusätzlich den Druck. Massieren Sie jedoch nicht zu kräftig, Ihr Hund soll sich schließlich wohlfühlen und keine Schmerzen haben. Bearbeiten Sie besonders belastete Partien wie die Beinmuskulatur extra sanft mit den Fingerkuppen. Lockernd wirkt leichtes Kneten und Rollen von Haut und Muskeln. Streichen Sie am Ende einer Massage immer den ganzen Körper des Hundes noch einmal sanft aus.

Eine Massage sollte nicht länger als 15 bis 20 Minuten dauern; gewöhnen Sie Ihren Belgischen Schäferhund erst langsam an diese Zeitspanne. Massieren Sie nie, wenn Ihr Vierbeiner eine Infektion oder gerade gefressen hat.

Die Akupressur ist eine Abwandlung der Akupunktur. Hier wird ohne Nadeln, nur mit der Berührung und dem Druck der Finger gearbeitet. Dies hat neben dem körperlichen Aspekt auch eine sehr positive, entspannende Wirkung auf die Psyche des Hundes.

Die TTouch©-Methode hingegen besteht aus unterschiedlichen Bewegungen und Handpositionen, die im Uhrzeigersinn auf der Haut des Hundes in verschiedenen Druckstärken ausgeführt werden. Vor allem bei seelischen Störungen sowie zur allgemeinen Beruhigung, zum Stressabbau und Wiederherstellung des Vertrauens hat sich der TTouch© bewährt. Auch zur Schmerzlinderung wird diese Methode erfolgreich eingesetzt. Etliche Hundeschulen bieten inzwischen TTouch©-Seminare an.

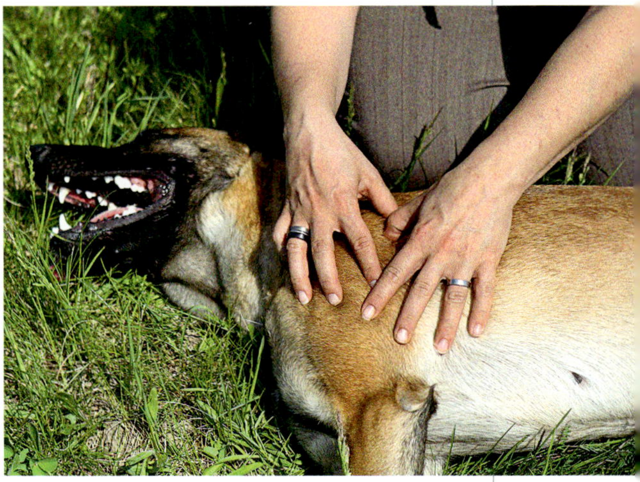

Eine sanfte Massage in Seitenlage lockert die Muskulatur Ihres Vierbeiners.

Aroma-, Farb- und Musiktherapie für neues Wohlbefinden

Die Aromatherapie fördert die seelische Ausgeglichenheit, aktiviert den Kreislauf und stärkt die Abwehrkräfte. Sie erfrischt und verhilft zu neuer Energie. Die ätherischen Öle werden dabei entweder in einer Duftlampe, einem Kräutersäckchen, einem speziellen Hundehalstuch oder direkt auf dem Liegeplatz Ihres Hundes angewendet, allerdings wohldosiert (2 bis 3 Tropfen) und nur, wenn es Ihrem Vierbeiner auch wirklich behagt. Eine Duftlampe sollte mindestens eine Stunde brennen. Da ein Hund sehr empfindliche Schleimhäute hat, dürfen Sie die Öle nie direkt auf ihn träufeln. Stärkend, aufbauend und reinigend für den gesamten Organismus wirken Lavendel, Orange, Zitrone, Geranium, Grapefruit und Muskatellersalbei. Mandarine und Melisse beruhigen und entspannen. Mimose baut zusätzlich seelisch auf. Zimt und Vanille wird eine ausgleichende, beruhigende und entspannende Wirkung nachgesagt. Neroli-Öl harmonisiert.

Eine sanfte, sparsam dosierte Aromatherapie kann Ihrem Belgier zu neuer Energie verhelfen.

Untersuchungen zeigten, dass bestimmte Musikstile unsere Hunde entspannen.

Hunde wie auch Menschen sprechen sehr gut auf farbiges Licht an. Rot hat sich besonders bei Erschöpfungszuständen und Appetitlosigkeit bewährt. Orange kommt hingegen bei Immunschwäche zum Einsatz. Gelb hilft bei schwachen Nerven und Schockzuständen. Grün wirkt ausgleichend und Blau beruhigend. Violett wird bei Nervosität, Ängstlichkeit, Hysterie und zur Verarbeitung von Traumata eingesetzt.

Auch Musik entspannt Ihren Belgischen Schäferhund. Untersuchungen haben ergeben, dass gerade langsame Barockmusik eine sehr beruhigende Wirkung auf Vierbeiner hat. Genauso gut geeignet ist Herrchens oder Frauchens Meditations-CD. Wer musikalisch jedoch auf Nummer Sicher gehen will, kann inzwischen im Fachhandel spezielle Musik für Hunde erwerben.

Ernährung

Eine gesunde, ausgewogene Ernährung bildet die Basis für ein langes Hundeleben. Machen Sie bei den Leckerlis keine Ausnahmen.

Zum Wohlfühlprogramm Ihres Belgischen Schäferhundes und seiner Gesunderhaltung gehört auch eine ausgewogene Ernährung. Füttern Sie nur hochwertiges Futter, das dem Alter, Gesundheitszustand und der Auslastung Ihres vierbeinigen Freundes angepasst ist; so benötigen arbeitende Gebrauchshunde beispielsweise energiereicheres Futter als normal beanspruchte Familienhunde. Auch Welpen brauchen eine andere Ernährung als erwachsene oder gar alte Hunde, schließlich sind sie noch in der Entwicklung. Der Fachhandel hält inzwischen für alle Altersklassen und Bedürfnisse spezielles Hundefutter parat. Mit einem qualitativ hochwertigen Fertigfutter gehen Sie also in jedem Fall auf Nummer sicher: Ihr Belgischer Schäferhund wird optimal mit allen wichtigen Nährstoffen versorgt. Trotzdem vertragen manche Hunde das handelsübliche Futter nicht. In diesem Fall müssen Sie selbst zum Kochlöffel greifen. Dies ist nicht ganz einfach, denn die richtige Zusammensetzung einer ausgewogenen Ernährung ist fast schon eine Wissenschaft für sich.

Auch das „Barfen“ (= biologisch artgerechte Rohfütterung) ist möglich. Aber hier ist ein umfassendes Informieren vorab durch einen Tierarzt oder entsprechende Fachliteratur sehr wichtig.

Im Folgenden finden Sie jedoch einige Tipps für eine abwechslungsreiche und gesunde Hundemahlzeit.

Fleisch und Ballaststoffe in Form von Reis oder Hundeflocken bilden die Basis einer ausgewogenen Hundeernährung. Achten Sie zusätzlich auf eine ausreichende Vitamin- und Mineral-

Warnung vor Schokolade

Schokolade enthält Theobromin, das für Hund und Katze lebensgefährlich sein kann. Ein paar Riegel dunkle Schokolade können einen kleineren Hund töten.

Arbeitende Gebrauchshunde benötigen eine andere Futterzusammensetzung als normal beanspruchte Familienhunde.

stoffversorgung. Diese geschieht am besten in Form von natürlichen Zusätzen wie frischem, unbehandeltem Obst, Gemüse, Kräutern, Hüttenkäse oder Naturjoghurt. Bei Obst eignen sich Äpfel sehr gut. Sie sind reich an Vitaminen und Mineralien und wirken durch die enthaltenen Pektine entgiftend. Gemüse ist nicht nur gesund, es fördert mit seinen Ballaststoffen auch die Verdauung. Außerdem beeinflusst es positiv den Säure-Base-Haushalt des Hundes. Ideal sind Möhren – sie enthalten viel Karotin, die Vorstufe von Vitamin A, außerdem Mineralstoffe und Spurenelemente. Geben Sie zusätzlich immer etwas Öl; dies hilft bei der Verwertung des fettlöslichen Vitamin A.

Gekochter Broccoli ist ebenfalls sehr gesund; er wirkt krebsvorbeugend und entgiftend. Spinat, Erbsen, grüne Bohnen und Tomaten runden einen ausgewogenen Speiseplan ab. Kräuter wie Brennnesseln, Basilikum, Petersilie, Löwenzahn und Dill sind nicht nur reich an wichtigen Vitaminen, Mineralien und Spurenelementen, sie haben auch eine heilende Wirkung bei verschiedenen Krankheiten (Beispiele siehe Seite 109 „Vorsorge"). In Zeiten extremer Anforderung oder erhöhter Krankheitsanfälligkeit ist eventuell ein zusätzliches Vitaminpräparat nötig. Halten Sie sich hier allerdings genau an die vom Tierarzt oder in der Packungsbeilage angegebene Dosierung,

Tipp!

Für alle Hundefutter-Hobbyköche gibt es im Buch- und Zoofachhandel eine breite Palette an Ratgebern zum Thema „Hundeernährung". Wenn Sie für Ihren Hund kochen, ist ein umfassendes Informieren unerlässlich, damit Ihr Vierbeiner durch einen ausgewogenen Speiseplan wirklich optimal mit allen wichtigen Nährstoffen versorgt wird und es nicht zu Mangelerscheinungen kommt.

Ihr Hund ist, was er frisst, denn Schönheit kommt bekanntlich von innen.

denn selbst Vitamine können überdosiert schaden.

Schönheit kommt von innen

Da Schönheit bekanntlich von innen kommt, ist der Speiseplan Ihres Hundes auch für ein glänzendes Fell und eine gesunde Haut verantwortlich. Eine große Rolle spielen dabei die Vitamine A und E sowie Zink, außerdem essentielle Fettsäuren wie Omega-3 und Omega-6. Um einen Mangel vorzubeugen, der sich in stumpfem Fell, Schuppen, Haarausfall, Juckreiz, fettiger Haut und Infektanfälligkeit äußert, geben Sie ab und zu einen Löffel Maiskeim-, Sonnenblumen-, Distel- oder Pflanzenöl über das Futter. Hochwertiges Eiweiß ist ebenfalls unverzichtbar, allerdings reagieren manche Hunde allergisch auf rohes Eiweiß. Auch Hefe und Biotin verhelfen zu einer gesunden Haut und glänzendem Fell. Ab und zu ein rohes, frisches Eigelb ist ebenfalls gut für Haut und Haare, denn es enthält viele Spurenelemente und Vitamine. Die zerriebene Eierschale versorgt Ihren Vierbeiner dagegen mit natürlichem Calcium.

Hat Ihr Hund ein wenig zugelegt, bauen Sie überschüssige Pfunde Ihres Belgischen Schäferhundes lieber mit einem ausgewogenen, aber kalorienarmen Diätfutter als mit einer Kürzung der normalen Futtermenge ab. Auch eine Streckung des herkömmlichen Futters mit Puffreis (im Zoofachgeschäft erhältlich), kann bei einer Diät hilfreich sein.

Achten Sie stets auf saubere Hundenäpfe und täglich frisches Wasser.

Selbst gebackene Hundeleckerli

Fischstäbchen

Sie brauchen dafür folgende Zutaten:

1 Dose Thunfisch (im eigenen Saft)
6 EL Haferflocken
2 Eier
2 EL Semmelbrösel
2 EL gehackte Petersilie

Gießen Sie den Saft des Thunfisches ab. Vermischen Sie dann alle Zutaten zu einem homogenen Teig. Formen Sie nun kleine „Stäbchen" und legen Sie diese auf ein mit Backpapier ausgelegtes Backblech. Die Fischstäbchen werden im vorgeheizten Backofen bei 175 °C (mittlere Schiene) ca. 30 Minuten gebacken. Anschließend im Ofen abkühlen lassen. Die Fischstäbchen halten, in einer Frischhaltedose im Kühlschrank aufbewahrt, ca. 2–3 Wochen. Geben Sie Ihrem Hund täglich nicht mehr als ein bis zwei dieser Leckerlis, denn sie sind sehr gehaltvoll.

EXTRA

Elf goldene Futterregeln

Feste Zeiten einhalten

Feste Fütterungszeiten sind sinnvoll, um den Stoffwechsel des Hundes nicht unnötig durcheinanderzubringen. Füttern Sie daher also nicht wahllos, wenn Sie gerade Zeit haben.

Füttern Sie aber auch nicht genau nach der Uhr. Der Belgier hat eine innere Uhr und wird sie bald vehement daran erinnern, dass er genau jetzt sein Futter zu bekommen hat! Ein ausgewachsener Hund sollte zweimal täglich seine Mahlzeit bekommen. So ist die Futtermenge nicht zu groß und der Magen dehnt sich nicht zu sehr aus. Achten Sie darauf, dass Ihrem Hund nicht zu jeder Zeit Futter zur Verfügung steht. Das widerspricht seiner ursprünglichen Futtersituation. Etwa 15 Minuten nach der Fütterung sollten Sie den Rest wieder wegnehmen; auch Futternörgler, zu denen junge Belgische Schäferhunde häufig gehören, werden so zum besseren Fressen animiert.

Die Menge macht's

Ein Belgischer Schäferhund weiß nicht von selbst, wie viel Futter er braucht. Bieten Sie Ihrem Vierbeiner daher auf keinen Fall unbegrenzt Futter an. Bei Fertignahrung finden Sie grobe Richtwerte zu den Mengenangaben auf der Futterpackung. Überprüfen Sie aber immer auch an Ihrem Hund, ob diese Menge angemessen ist, denn häufig wird zu viel Futter angegeben. Kochen Sie selbst, fragen Sie Ihren Tierarzt nach der angemessenen Portionsgröße für Ihren Hund.

Vorsicht mit Kaltem

Gerade im Sommer ist es wichtig, frisches Hundefutter im Kühlschrank aufzubewahren, damit es nicht verdirbt. Verfüttern Sie es allerdings nur zimmerwarm. Zu kaltes Futter kann Verdauungsprobleme hervorrufen. Außerdem entfaltet Frisch- und Nassfutter seinen vollen Geschmack erst bei Zimmertemperatur. Muss es doch einmal schnell gehen, erwärmen Sie das Fressen kurz im Kochtopf, Wasserbad oder in der Mikrowelle.

Abwechslung ist Trumpf

Auch Hunde sind Feinschmecker und lieben Abwechslung. Die große Auswahl an Fertigfutter macht es Ihnen hier leicht. Bereichern Sie den Speiseplan zusätzlich hin und wieder mit Karotten, Quark, Hüttenkäse, Nudeln, Reis oder Kräutern. Beachten Sie bei der Fütterung auch das Alter, den Gesundheitszustand und die Auslastung Ihres Vierbeiners. Inzwischen gibt es für alle Ansprüche speziell zusammengesetzte Nahrung.

Langsame Futterumstellung

Führen Sie Futterumstellungen nur langsam und schrittweise durch, damit sich der Ver-

dauungstrakt Ihres Hundes an die neue Nahrung gewöhnen kann.

Es muss nicht immer Fleisch sein

Wölfe nehmen mit dem Darminhalt ihrer Beutetiere immer auch wichtige pflanzliche Nahrung auf. Daher ist es falsch, anzunehmen, Hunde seien reine Fleischfresser. Für eine ausgewogene Ernährung benötigen sie einen gewissen Anteil an pflanzlicher Nahrung. In Fertigfutter wurde dies bereits bei der Zusammensetzung berücksichtigt. Kochen Sie selbst, mischen Sie das Fleisch am besten mit Nudeln, Reis, Gemüse oder speziellen Hundeflocken.

Betteln ist tabu

Fallen Sie nicht auf den treuen Blick Ihres Vierbeiners rein, Sie tun ihm damit nichts Gutes. Erstens erziehen Sie ihn so erst zum Betteln und zweitens bekommt Ihr Hund auf diese Weise auch schnell mal etwas Süßes, das sehr schädlich für ihn ist. Belohnen Sie ihn nur mit speziellen Hundeleckerlis.

Keine Reste vom Tisch

Geben Sie Ihrem Belgischen Schäferhund nie Reste Ihrer eigenen Mahlzeit. Ihr Hund darf hier auf keinen Fall vermenschlicht werden, denn er hat ganz andere Ernährungsansprüche als Sie. Unsere stark gewürzten Speisen führen bei Vierbeinern schnell zu schweren Gesundheitsstörungen. Füttern Sie nur spezielles und ausgewogenes Hundefutter.

Finger weg von Milch

Natürlich ist Milch auch bei Hunden beliebt. Viele Tiere bekommen davon jedoch Verdauungsstörungen. Daher gilt: Keine Milch, sondern täglich frisches Wasser als Getränk anbieten.

Kein rohes Schweinefleisch

Füttern Sie kein rohes Schweinefleisch, denn dadurch kann sich Ihr Hund mit der lebensbedrohlichen Aujeszkyschen Krankheit infizieren. Die Symptome sind ähnlich wie bei der Tollwut, daher wird die Krankheit auch „Pseudowut“ genannt. Schweinefleisch darf nur gut durchgekocht verfüttert werden. Rohes Rindfleisch ist dagegen unbedenklich.

Nach dem Essen sollst du ruhen

Füttern Sie Ihren Belgischen Schäferhund immer erst nach einem Spaziergang. Rennen und Toben mit vollem Magen ist tabu: schnell kommt es zu Verdauungsstörungen bis hin zur lebensgefährlichen Magendrehung.

Ausstellungen

Bei einer Hundeausstellung wird jeder Vierbeiner hinsichtlich des vorgeschriebenen Rassestandards beurteilt.

Für alle Rassehundefreunde sind Hundeausstellungen eine interessante Plattform. Bereits vor der Anschaffung eines Vierbeiners können Sie sich hier genau über eine bestimmte Rasse informieren, denn Sie erleben nicht nur etliche Vertreter live, sondern haben auch die Möglichkeit, mit Haltern und Zuchtvereinen in Kontakt zu treten und auf diese Weise Erfahrungsberichte aus erster Hand zu sammeln. Gerade, wenn Sie Interesse an einem Belgischen Schäferhund haben, bietet sich der Besuch einer Zuchtschau an, denn dabei bekommen Sie auch einen guten Einblick in die Vielfalt dieser Rasse.

Bei den Ausstellungen selbst geht es um die genaue Überprüfung und Bewertung der Hunde hinsichtlich des vorgeschriebenen Rassestandards und der durch den Standard festgelegten Zuchtkriterien. Für einige Hundehalter ist die Teilnahme an einer Ausstellung reiner Spaß. Sie möchten solch eine Veranstaltung einfach einmal mitmachen, um nur interessehalber zu hören, wie Ihr Vierbeiner vor einem professionellen Richter abschneidet. Vielleicht hat sie sogar der Züchter ihres Hundes dazu überredet, schließlich ist es für den Züchter selbst wichtig und interessant zu sehen, wo sein vierbeiniger Nachwuchs und somit auch seine Zuchtlinie steht. Viele Aussteller sind bereits in das Zuchtgeschehen involviert. Es sind langjährige und zukünftige Züchter, aber auch Deckrüdenbesitzer, die ihre Vierbeiner über die Teilnahme an Ausstellungen bekannter machen möchten.

Auf einer Hundeausstellung herrscht eine ganz besondere Atmosphäre. Das Sehen und Gesehenwerden steht in jedem Fall im Vordergrund. Die Einteilung der Hunde erfolgt in verschiedene Klassen, getrennt nach Geschlechtern und Alter. Bei der abschließenden Bewertung werden bestimmte Formwertnoten vergeben (siehe Kasten auf Seite 88).

So manch ein Hund würde den Tag sicherlich lieber tobend im Freien verbringen als bei einer Ausstellung zu posieren.

Gelassene, nervenstarke Hunde, die nichts so schnell aus der Ruhe bringt, tun sich auf Ausstellungen leichter. Sie lassen sich durch Menschen- und Hundeansammlungen nicht stressen.

So funktioniert's

Rassen- und Klasseneinteilung

Der Belgische Schäferhund wurde von der FCI (Fédération Cynologique Internationale) in die Gruppe 1: Hüte- und Treibhunde (ausgenommen Schweizer Sennenhunde), Sektion 1: Schäferhunde, mit Arbeitsprüfung eingeteilt.

Als Startklassen gibt es:

- *Jüngstenklasse (6–9 Monate)*
- *Jugendklasse (9–18 Monate)*
- *Zwischenklasse (15–24 Monate)*
- *Offene Klasse (ab 15 Monate)*
- *Veteranenklasse (ab 8 Jahre)*
- *Gebrauchshundklasse (ab 15 Monate mit Arbeitsprüfung)*
- *Championklasse (ab 15 Monate für Champions und Gewinner bestimmter Titel)*
- *Ehrenklasse (startberechtigt nur mit dem FCI-Titel „Internationaler Schönheitschampion")*

Formwertnoten

- *Vorzüglich (V)*
- *Sehr gut (SG)*
- *Gut (G)*
- *Genügend (Ggd)*
- *Disqualifiziert (Disq)*

Die vier besten Hunde einer Klasse werden platziert, sofern sie mindestens die Formwertnote „Sehr gut" erhalten haben.

Beurteilungen in der Jüngstenklasse

vielversprechend (vv)
versprechend (v)
wenig versprechend (wv)

Weitere Wettbewerbe

Zuchtgruppe *Sie besteht aus mindestens drei Hunden einer Rasse aus demselben Zwinger; die Hunde müssen am Tag der Ausstellung in der Einzelbewertung mindestens den Formwert „Gut" bekommen haben.*

Paarklasse *Sie besteht aus jeweils einem Rüden und einer Hündin, die Eigentum eines Ausstellers sein müssen.*

Juniorhandling *Dies ist ein Vorführwettbewerb für Jugendliche, der als Vorbereitung gedacht ist, Hunde auch später im Ausstellungsring zu präsentieren.*

Veteranen-Wettbewerb *Hier können Hunde ab dem 8. Lebensjahr starten. Es wird nach den Vorgaben des Standards besonders die Gesamtkonstitution, der Pflegezustand des Vierbeiners sowie die im Ring gezeigte Kondition beurteilt*

Nachzuchtgruppe *Sie besteht aus einem Rüden oder einer Hündin mit mindestens fünf Nachkommen beiderlei Geschlechts und aus mindestens zwei Würfen. Mindestens zwei der Nachkommen müssen auf dieser Ausstellung und generell alle Nachkommen auf einer Ausstellung mindestens die Formwertnote gut erhalten haben.*

In der Paarklasse starten jeweils ein Rüde und eine Hündin, die im Besitz des Ausstellers sind.

Dabeisein ist alles

Möchten auch Sie einmal mit Ihrem Belgischen Schäferhund im Ring stehen, sei es aus reinem Vergnügen oder weil sie mit ihm züchten möchten, ist ein gutes Sozialverhalten Ihres Hundes natürlich Pflicht, schließlich

Schon die Jüngsten dürfen an einer Ausstellung teilnehmen.

Bitte beachten Sie ...

Kranke Vierbeiner sind von Zuchtschauen ausgeschlossen. Vor der Ausstellung müssen Sie die FCI-Ahnentafel und den Impfpass mit einer gültigen Tollwutimpfung Ihres Hundes vorlegen.

wird er zunächst in einer Gruppe mit anderen Belgiern (getrennt nach Varietät) vorgeführt. Außerdem ist eine ordentliche Leinenführigkeit schon die halbe Miete einer gelungenen Präsentation. Bei der anschließenden Einzelbewertung erfolgt die genaue Begutachtung Ihres Hundes durch den Richter: Dieser prüft neben dem Gangwerk, die genauen Proportionen, Besonderheiten des Standards und die Zähne. Dieses Beurteilungsritual sollten Sie schon vorab üben, damit sich Ihr Belgischer Schäferhund auch von fremden Menschen ins Maul sehen und natürlich überhaupt berühren lässt. Eine gute und umfassende Vorbereitung für eine Zuchtschau bekommen Sie durch ein professionelles Ringtraining, das von manchen Hundevereinen oder auch Züchtern angeboten wird. Für die Teilnahme an einer Zuchtschau sollten Sie sich aber nicht nur im Vorfeld Zeit nehmen, auch die Ausstellung selbst dauert einen ganzen Tag, wobei Sie die meiste Zeit sicherlich mit Warten verbringen. Wie die Hunde selbst das Ausstellungsgeschehen aufnehmen, ist unterschiedlich. Einige Vertreter scheinen sichtlich Spaß am Präsentieren und Posieren zu haben. Bei anderen Gespannen ist der Spaß am Gesehenwerden eher auf den Zweibeiner begrenzt, der Vierbeiner hingegen würde den Tag sicherlich lieber tobend im Freien verbringen. Eine gewisse Nervenstärke muss ein Hund für eine Ausstellung in jedem Fall mitbringen, damit ihn die Menschen- und Hundeansammlung auf engstem Raum nicht unnötig stressen.

Begleiter in Freizeit und Alltag

Belgische Schäferhunde sind sportliche Freizeitpartner, die am liebsten immer und überall mit dabei sind.

Für ein soziales Tier wie einen Hund gibt es nichts Schöneres, als seine Leute so oft wie möglich zu begleiten. Ein gewisser Grundgehorsam und eine gute Sozialisation des Vierbeiners sind allerdings die Voraussetzung für entspannte Freizeitaktivitäten und einen abwechslungsreichen Alltag zu zweit.

Hobby Hundesport

Damit Ihr Belgischer Schäferhund seine positiven Eigenschaften voll und ganz entfalten kann, ist eine angemessene Auslastung sehr wichtig. Eine Möglichkeit den intelligenten Vierbeiner zu fordern ist Hundesport. Hier gibt es inzwischen ganz unterschiedliche Sportarten, die auf vielen Hundeplätzen angeboten werden. Auch im Wettkampfsport soll für alle Beteiligten stets der Spaß im Vordergrund stehen; die intensive Beschäftigung miteinander schweißen Herr und Hund schnell zu einem unzertrennlichen Dream-Team zusammen. Voraussetzung für intensiv betriebenen Sport ist ein gesunder, fitter Hund. Lassen Sie Ihren jungen Belgier nicht über Hürden springen, bevor sein Bewegungsapparat nicht voll

Die energiegeladenen Vierbeiner eignen sich für Hundesport jeglicher Art.

Beim Agility kommt es auf Schnelligkeit und Präzision an.

ausgereift ist (mit etwa ein bis eineinhalb Jahren).
Im Folgenden stellen wir Ihnen einige Sportarten vor, die gut für einen Belgischen Schäferhund geeignet sind.

Agility

Agility ist mehr als nur ein schneller Sport. Agility festigt und vertieft die Bindung zwischen Zwei- und Vierbeinern. Laut FCI-Reglement erfolgt eine Einteilung in drei verschiedene Startklassen je nach Größe des Hundes. Ein professioneller Parcours besteht aus 15 bis 20 Hindernissen und hat eine Länge zwischen 100 und 200 m. Bei einem Turnier sollten mindestens sieben Hochsprung-Hürden vorhanden sein. Zum Standard gehören zehn Geräte, der Richter stellt davon mindestens sieben. Zudem müssen mindestens zwei Richtungswechsel im Parcours enthalten sein. Die Bewertung erfolgt am Ende je nach Zeit, eventuellem Abwurf oder Verweigerung. Schnelligkeit und Präzision sind hierbei sehr wichtig. Daher ist ein optimales Zusammenspiel zwischen Mensch und Hund unerlässlich.

Begleithundeprüfung (BH)

Voraussetzung für die Ausübung einiger Sportarten (z. B. Mobility, Agility, Fährtenhund) ist eine bestandene Begleithundeprüfung. Das Mindestalter der wedelnden Prüflinge liegt bei 15 Monaten. Der Vierbeiner muss auf dem Hundeplatz verschiedene Unterordnungsübungen absolvieren; außerdem gilt es außerhalb des Platzes einen Verkehrsteil zu bestehen, der das sichere und freundliche Verhalten des Hundes gegenüber anderen Verkehrsteilnehmern und Artgenossen überprüft. Für den Hundeführer gibt es zuvor noch eine theoretische Prüfung.

Turnierhundesport

Turnierhundesport (THS) bietet für jeden etwas, denn hier gibt es auch je nach Alter des Führers unterschiedliche Startklassen. Mensch und Hund bilden als gleichgestellte Partner ein Team; in die Endnote fließen also nicht nur die Leistungen des Vierbeiners, sondern auch die des Zweibeiners mit ein. Innerhalb des Turnierhundesports gibt es verschiedene, abwechslungsreiche Wettbewerbsformen wie Hindernislauf-Turniere, Vierkampf (Gehorsam, Hürden-, Slalom und Hindernislauf), Geländelauf (2000 m/5000 m), Combination Speed Cup (CSC; Mannschaftswettkampf, in dem drei Mannschaftsmitglieder in einem in drei Sektionen eingeteilten Parcours als Staffel laufen), Shorty (Kurz-Bahn-„CSC" für Zweier-Mannschaften mit zwei Geräte-Sektionen) und Qualifikations-Speed-Cup („QSC"; Wettkampf nach dem K.-o.-System auf zwei baugleichen Parcours).

Obedience

Obedience ist ein Gehorsamstraining, das ausschließlich über die Futter- bzw. Beutemotivation oder mittels Clicker aufgebaut wird. Hier sind Einfühlungsvermögen und Geduld gefragt; der Hund muss viel Kopfarbeit leisten. In der Bewertung zählen die perfekte und schnelle sowie freudige Ausführung durch den Vierbeiner. Obedience beinhaltet Übungen wie „Sitz", „Platz", „Steh", „Bleib", Bei-Fuß-Laufen und Apportieren. Einige Lektionen müssen auf Distanz gezeigt werden, beispielsweise das Vorausschicken über eine Hürde und das anschließende Bringen eines Apportierholzes mit erneutem Hindernissprung. Obedience ist Perfektion und Spaß zugleich; es stellt jedoch sehr hohe Ansprüche an Hund und Führer. Bei der Ausbildung ist viel Fantasie für die richtige Motivation des Vierbeiners gefordert.

Fährtenarbeit

Bei der Fährtenarbeit lernt ein Hund, einer menschlichen Spur anhand der Bodenverwundung durch die Fußabdrücke in natürlichem Gelände zu folgen. Die Einweisung des Vierbeiners erfolgt am Anfang, dem sogenannten Ansatz der Fährte mit dem Kommando „Such". Der Führer ist mit einer 10-m-Leine mit dem Hund verbunden. Der Vierbeiner trägt bei dieser Arbeit ein spezielles Geschirr.

Schon einen Welpen kann man spielerisch an die Fährtenarbeit heranführen.

Das Bringen eines Apportierholzes kombiniert mit einem Hindernissprung ist Teil einer Obedience-Lektion.

Schutzhundeausbildung

Die Ausbildung zum Schutzhund gehört ebenfalls in die Kategorie Hundesport. Dieses Training benötigt sehr viel Einfühlungsvermögen, Hundeverstand und Verantwortungsbewusstsein von Seiten des Hundeführers und des Trainers. Weitere wichtige Grundvoraussetzungen sind ein bestens erzogener und sozialisierter sowie absolut wesenfester und nervenstarker Hund. Niemals darf die Schutzhundeausbildung aus Prestigegründen erfolgen. Ein hohes Verantwortungsbewusstsein gegenüber Mensch und Tier sowie eine kontrollierbare, faire sportliche Zusammenarbeit sollen hier oberster Leitgedanke sein. Dies macht gerade in diesem Bereich eine fachlich kompetente Ausbildungsstätte unerlässlich. Weitere Informationen zum Thema bekommen Sie über die Rassezuchtvereine.

Die Schutzhundearbeit gehört nur in absolut verantwortungsvolle Hände.

Je nach Schwierigkeitsgrad sind in die zu verfolgende Spur spitze und stumpfe Winkel sowie kreuzende Fremdfährten (Verleitungen) eingebaut. Findet der Vierbeiner unterwegs Gegenstände von seinem Herrn, muss er diese beispielsweise durch Ablegen anzeigen (verweisen). Der Führer zeigt dem Richter den Gegenstand und setzt den Hund erneut auf der Fährte an. Am Ende der Spur winkt der wedelnden Supernase eine tolle Belohnung.

Sportbegleiter Belgischer Schäferhund

Unterwegs mit dem Fahrrad

Belgische Schäferhunde sind sehr aktive, ausdauernde Hunde, die sichtlich Spaß daran haben, ihre Leute bei sportlichen Aktivitäten zu begleiten. Die vierbeinigen Bewegungsfetischisten freuen sich beispielsweise über eine Fahrradtour genauso wie Herrchen und Frauchen, die sich in ihrer Freizeit körperlich fit halten wollen. Grundvoraussetzung für die ungefährliche Mitnahme eines Hundes am Rad ist natürlich ein gewisser Gehorsam: Das sichere Herkommen auf Zuruf, gute Leinenführigkeit und einwandfreies Bei-Fuß-Gehen sind ein absolutes Muss für einen ungefährlichen Radausflug mit Ihrem Belgischen Schäferhund. Führen Sie einen ungeübten Hund langsam an das Laufen neben dem Fahrrad heran, denn auch er muss erst allmählich seine Kondition aufbauen. Bremsen Sie einen zu überschwänglichen Vierbeiner unbedingt ein, er könnte sich leicht selbst überschätzen, schließlich ist eine Radtour für den Hund deutlich anstrengender als für den Radler. Meiden Sie außerdem große Hitze.

Halten Sie Ihren rennenden Kameraden vom Fahrrad aus an der Leine, wickeln Sie die Leine

Begleitet Ihr Belgier Sie beim Radfahren, müssen Sie ihn anfangs möglicherweise etwas bremsen, damit er sich nicht überschätzt.

Füttern Sie Ihren Hund nicht vor körperlichen Anstrengungen, ansonsten kann es leicht zur lebensgefährlichen Magendrehung kommen.

aus Sicherheitsgründen nie um den Lenker, sondern nehmen Sie diese so in der Hand, dass Sie im Notfall schnell loslassen können. Eine Alternative besteht im Springerbügel: Hier haben Sie die Hände frei und am Lenker, während Ihr Belgischer Schäferhund mit einem Kurzführer an einem gefederten Halter am Rad befestigt ist; eine Sicherheitsvorrichtung sorgt dafür, dass sich die Leine samt Hund im Notfall vom Rad löst und Sie so nicht gefährdet. Sie als Radler sollten bei einer Fahrradtour immer einen geeigneten Helm tragen.

Viel Spaß am laufenden Band

Nach wie vor sind **Joggen**, **Walken** und **Nordic Walking** die Renner unter den Outdoorsportarten. Wie immer gilt für Mensch und Hund: geteiltes Vergnügen ist doppelte Freude. Vergessen Sie selbst bei gut folgenden Hunden nie, eine Leine für den Notfall mitzunehmen. Leinen Sie jagdbegeisterte Vierbeiner im Wald mit Rücksicht auf Wildtiere an. Damit der Jogger die Hände frei hat, hält der Fachhandel inzwischen spezielle Jogging-Leinen und -Gürtel bereit; in Letzteren wird die Leine einfach eingehängt. Natürlich muss Ihr Belgischer Schäferhund so gut erzogen sein, dass er nicht ungestüm an der Leine zieht.

Keinen Sport mit vollem Bauch

Wegen der Gefahr einer Magendrehung darf ein Hund grundsätzlich vor sportlichen Aktivitäten nichts zu fressen bekommen. Füttern Sie ihn auch nicht unmittelbar danach, sondern erst nach einer ca. 20-minütigen Erholungspause: eine große, gierig verschlungene Portion kann zusätzlich Kreislauf belastend sein und schwer im Magen liegen.

Planen Sie eine größere Runde mit Pause, vergessen Sie etwas Wasser für Ihren Vierbeiner nicht. Lassen Sie ihn allerdings nicht zu viel davon trinken, damit er durch das Rennen mit vollem Bauch keine Magendrehung bekommt.

Inlineskaten mit dem Belgischen Schäferhund

Rasant geht's beim Inlineskaten zu. Damit dieser schnelle Sport mit Ihrem Belgier nicht in einem schmerzhaften Desaster endet, sollten Sie sich erst gemeinsam auf die „Piste" wagen, wenn Sie ein wirklich sicherer Skater sind und Ihr Vierbeiner absolut zuverlässig gehorcht. Außerdem ist diese Sportart nur für gut trainierte Hunde geeignet, da der Skater sehr schnell ein relativ hohes Tempo erreicht, dem der Vierbeiner dann standhalten muss. Respektieren Sie unbedingt die Grenzen Ihres Schäferhundes: Ein Sprint zwischendurch ist erlaubt, aber fahren Sie nicht ständig am (Tempo-)Limit. Neben Ihrer Skaterausrüstung ist für den Hund, zumindest für den Notfall, eine Leine sowie ein Geschirr empfehlenswert.

Probier's mal mit Gemütlichkeit

Sind Sie kein Freund von flotten Sportarten, probieren Sie es mal mit einer ruhigeren **Wanderung**. Da jedoch auch hier von Zwei- und Vierbeinern Ausdauer gefragt ist, müssen Sie das Training hier wieder erst langsam aufbauen. Packen Sie für längere Touren neben einer eigenen Brotzeit auch Trinkwasser und, je nach Dauer, eine kleine Futterration sowie einen Napf für Ihren Hund ein. Vergessen Sie außerdem ein Erste-Hilfe-Notfallset nicht. Längere Bergtouren bedürfen einer größeren Vorbereitung; sicheres Kartenlesen ist dabei schon eine wichtige Grundvoraussetzung. Klären Sie bei Mehrtagestouren unbedingt vorab, ob Ihr Vierbeiner auch in Hütten übernachten darf.

Selbst auf ruhigeren Wanderungen sind die belgischen Vierbeiner gerne dabei.

Nützlicher Freund und Helfer

Da Ihr Hund sehr gerne für Sie arbeitet, können Sie ihn auch gut an das Tragen von Packtaschen gewöhnen. Machen Sie ihn allerdings langsam damit vertraut: Lassen Sie ihn zunächst nur daran schnuppern, legen Sie anschließend die leeren Taschen vorsichtig über seinen Rücken. Loben Sie ausgiebig, wenn er ruhig bleibt und schimpfen Sie nicht, wenn er sich noch dagegen sträubt. Reden Sie behutsam und geduldig auf Ihren Hund ein und zeigen Sie ihm, dass keine Gefahr von den Taschen ausgeht. Schließen Sie den Gurt, sobald der Vierbeiner gelassen bleibt. Beladen Sie die Taschen aber erst (und bitte maßvoll!), wenn Ihr Hund die leeren „Säckchen" anstandslos auf seinem Rücken akzeptiert. Ist dies der Fall, trägt Ihr vierbeiniger Gehilfe bald auf Wanderungen stolz wie Oskar diverse Utensilien wie Proviant, einen kleinen Schirm, eine Leine oder eine eingepackte Regenjacke.

Bitte beachten Sie: *Nicht alle Hunde gewöhnen sich an Packtaschen. Zwingen Sie Ihren Vierbeiner nicht an das Tragen, sondern akzeptieren Sie auch eine eventuelle dauerhafte Abneigung.*

Rund ums Spielen

Warum Spielen so wichtig ist

Alle jungen Tiere spielen gerne, denn Spielen macht Spaß, aber nicht nur das: Im Spiel lernt ein Vierbeiner fürs Leben und zwar sein Leben lang. Schon Welpen lernen spielerisch ihre Umwelt kennen, lernen aus guten und schlechten Erfahrungen. Aber auch die Rangordnung innerhalb des Hunderudels und später innerhalb der Familie wird spielerisch ausgetestet. Das Spiel mit Artgenossen legt für Welpen den Grundstein zu einem normal entwickelten, ausgeglichenen Sozialverhalten. Spielen ist aber nicht nur für junge Hunde wichtig. Im Grunde kann ein Vierbeiner bis ins hohe Alter spielerisch lernen. Erwachsene Hunde testen untereinander ebenfalls immer wieder im Spiel ihre Rangordnung aus. Sehr selbstbewusste Tiere versuchen oft innerhalb ihrer Familie durch schelmische Tricks ihre Grenzen und ihren Stand in der Familie auszuloten. Lassen Sie sich nicht einwickeln, sonst haben Sie schnell verspielt. Auch veränderte Lebensbedingungen oder unbekannte Gegenstände werden noch von erwachsenen Hunden spielerisch erforscht.

Häufiges Spielen schult außerdem das Gehirn des Vierbeiners. So belegen Studien, dass Hunde, die in ihrer Welpenzeit kaum Eindrücke sammeln konnten, ihr Leben lang weniger aufnahmefähig sind als Artgenossen, die zwar von den Erbanlagen her nicht so intelligent sind, dafür aber mehr gefördert wurden. Vierbeiner, denen mehr geboten wird, können sich auch nachweislich besser konzentrieren.

Welpen lernen durch das Spiel mit Artgenossen korrektes Sozialverhalten.

Spielen ist für Hunde aller Altersstufen wichtig und wirkt wie ein Lebenselexier.

Junge Hunde erfahren durch ausgelassenes Toben nach Erziehungseinheiten eine tolle Belohnung. Sie dürfen nun ihren, durch die Anspannung des Lernens aufgestauten Energien so richtig freien Lauf lassen und entspannen sich somit wieder. Gehen Sie die Erziehung Ihres Belgischen Schäferhundes spielerisch an, wirkt dies sehr motivierend auf den Vierbeiner, denn der Spaß kommt dabei nie zu kurz. Außerdem entwickelt sich ein intensives Vertrauensverhältnis zwischen Ihnen und Ihrem Hund. Regelmäßige Spielstunden schweißen Sie und Ihren Belgier zu einem richtigen Dream-Team zusammen. Auf diese Weise bleibt Ihr wedelnder Kamerad auch im Alter lange körperlich und geistig fit. Schüchterne Vertreter gelangen durch einfache Spiele, die Erfolge bringen, zu einem neuen, gestärkten Selbstbewusstsein. Spielen ist für Hunde jeden Alters also in den unterschiedlichsten Bereichen wie ein Lebenselixier, ohne das sie auf Dauer physisch und psychisch verkümmern würden.

10 Spielregeln für Sie und Ihren Belgischen Schäferhund

Spielen macht Spaß, allerdings nur, wenn sich alle Mitspieler an bestimmte Regeln halten. Im Zusammenspiel mit Ihrem Belgischen Schäferhund bleiben Sie jedoch immer der Chef, der auch dafür sorgt, dass Ihr cleverer Vierbeiner nicht still und heimlich Ihre Autorität untergräbt.

- *Sie bestimmen Zeitpunkt und Ort.*
- *Sie sind der Spielzeug-Verwalter.*
- *Kein Tauziehen mit sehr selbstbewussten Rambos.*
- *Nach dem Füttern herrscht Spielverbot (Magendrehung).*
- *Lassen Sie Ihren Hund während des Spiels keine großen Mengen trinken (Magendrehung).*
- *Nicht in der größten Mittagshitze spielen.*
- *Auf ausreichende Ruhephasen achten.*
- *Belohnen Sie nicht nur mit Leckerli, sondern auch mit Stimme, Streicheln und Spielzeug.*
- *Sie legen das Spielende fest.*
- *Hören Sie auf, wenn's am Schönsten ist!*

Lustige Hundespiele

Apportierspiele Beherrscht Ihr Belgischer Schäferhund das Kommando „Apport", hat er großen Spaß daran, Ihnen im Alltag Dinge zu transportieren. Als eingespieltes Team können Sie Ihrem Vierbeiner in Zukunft eine tragende Rolle auf Spaziergängen und kleinen Einkaufstouren zukommen lassen. Sichtlich stolz wird Ihr haariger Helfer beim ersten Morgenspaziergang die Tageszeitung vom Kiosk nach Hause bringen oder einen kleinen Henkelkorb mit frischen Brötchen. Unternehmen Sie an trüben Tagen einen Spaziergang, vergessen Sie den Regenschirm nicht, den Sie von nun an auch nicht mehr selber tragen müssen.

Wichtig ist, den Hund während des Apportierens kräftig zu loben. Um seinen Spaß an der Arbeit zu fördern und sein Selbstvertrauen zu stärken, geben Sie ihm bei all diesen Aufgaben stets das Gefühl, sehr wichtig zu sein. Hat er eine Aufgabe erfolgreich beendet, dürfen natürlich ausgiebiges Loben und ein Leckerli nicht fehlen. Auch im Haushalt ist Ihr Schä-

Für Bringspiele im Garten eignen sich spezielle Apportierhölzer aus dem Fachhandel.

ferhund ein hilfreicher Träger: Haben Sie auf dem Weg in die Waschküche einen Socken verloren, erspart Ihnen ein vierbeiniger Gentleman lästiges Bücken.

Für Sprungtalente Sportliche Schäferhunde haben großen Spaß am Überspringen von Hürden. Hierfür eignet sich gut ein Besenstiel, der auf zwei auseinander gestellte Gartenstühle oder auf umgedrehte Obstkisten gelegt wird. Aus Schutz vor Verletzungen sollte die „Stange" bei einer Berührung leicht herunterfallen. Für größere Gärten ist eine alte Blech- oder Plastiktonne, die aber unbedingt gegen Wegrollen fixiert sein muss, ein interessantes Hindernis, außerdem ein fest aufgestellter, ausrangierter LKW-Reifen, der zum Durchspringen einlädt.

Unter Mithilfe einer weiteren Person, kann Ihr Schäferhund außerdem lernen, über Ihren Rücken zu springen. Knien Sie sich zunächst auf den Boden und stützen Sie sich im 90°-Winkel mit beiden Händen vorne ab, sodass Ihr Rücken eine Art Brücke bildet. Nun lockt die zweite Person den Hund mit einem Leckerli und dem Befehl „Hopp" über Ihren Rücken. Hat Ihr intelligenter Schäfer erst einmal das Spiel begriffen, genügt nur noch das Kommando „Hopp" und er wird über die ihm angebotene „Hürde" springen.

Belgische Schäferhunde springen gerne. Als Hindernis reicht unterwegs auch ein Bach.

Die intelligenten Vierbeiner kombinieren gerne ihre beiden „Hobbys" Schwimmen und Apportieren.

Viel Spaß im kühlen Nass Apportierfreudige Wasserratten holen begeistert Spielzeug aus dem Wasser. Hierfür gibt es im Fachhandel inzwischen spezielles, schwimmendes Neoprenspielzeug. Schwerere Bälle aus Vollgummi eignen sich für Hunde, die gerne im flacheren Uferbereich tauchen. Ein verlockendes Leckerli lädt ebenfalls zu einem kurzen Tauchgang ein. Haben Sie kein Naturgewässer in der Nähe, kann auch eine Plastikwanne oder ein Kinderplanschbecken für kleine Tauch- und Planschabenteuer herhalten. Sichern Sie den rutschigen Boden jedoch mit einer Duschwanneneinlage ab.

Werfen Sie Ihrem wedelnden Begleiter im flachen Wasser einen weichen oder aufblasbaren Ball zu, den er dann wieder zu Ihnen zu-

Wichtige Auflockerung

Weil das Erlernen von Kunststückchen eine sehr hohe Konzentration vom Hund verlangt, sollten Sie immer nur in kurzen Sequenzen üben. Schließen Sie stets mit einem Erfolgserlebnis ab und lockern Sie die einzelnen Lernschritte durch Pausen auf. Auch ein zwischenzeitliches Toben im Garten macht den Kopf wieder frei für die Aufnahme neuer „Befehle".

rückstupsen soll. Ist das Wasser tiefer müssen Sie beide schwimmend agieren.

Immer der Nase nach Belgische Schäferhunde sind wahre Supernasen, die sich für Schnüffelspiele absolut begeistern. Verstecken Sie Ihrem Vierbeiner doch mal ein Stück Pansen in einer speziellen Schnüffelbox. Wickeln Sie hierfür den Pansen in zerknülltes Zeitungspapier; dieses geben Sie nun samt duftendem Inhalt locker in eine Pappschachtel, deren Deckel bereits mit einigen Duftlöchern versehen ist. Jetzt heißt es für Ihren Hund: „Auf die Plätze, fertig, los!“ Feuern Sie ihn mit dem Kommando „Such“ und eigener Begeisterung an, sein Leckerli zu finden. Selbstverständlich dürfen dabei auch die Fetzen fliegen. Fortgeschrittene Vierbeiner können nach bestimmten Gegenständen suchen, die nach Ihnen riechen wie beispielsweise Geldbeutel, Handschuh oder Schlüsselbund. Nehmen Sie auf einem Spaziergang unbemerkt vom Hund einen Tannenzapfen auf, reiben Sie ihn in Ihren Händen, werfen Sie ihn wieder weg und schicken Sie Ihre Supernase auf Streife. Loben sie ihn, wenn er die richtige Richtung einschlägt. Hat er den Zapfen gefunden und nimmt er ihn auf, belohnen Sie ihn mit eigener Freude; am Ende winkt natürlich ein Leckerli. Eine Abwandlung des Spiels besteht darin, dass Ihr Schäferhund aus einem ganzen Haufen von Tannenzapfen den herausfinden soll, den Sie vorher in der Hand hatten.

Schon die Jüngsten sind für kleine Leckerlifährten zu begeistern.

Gefährliches Hundespielzeug!

- *Gefährlich für Hunde ist Kinderspielzeug wie Bausteine oder Stofftiere mit Glasaugen oder Knöpfen, die schnell abgerissen und gefressen sind.*
- *Alle spitzen und scharfkantigen Gegenstände sind als Hundespielzeug absolut ungeeignet; dies gilt auch für Spielzeug, in dem spitze Teile wie Nägel oder Drähte eingearbeitet sind.*
- *Ebenfalls absolut tabu sind Schnüre, dünne Nylonstrümpfe, Plastikbecher oder Luftballons.*
- *Verboten sind Äste von giftigen Sträuchern sowie lackierte Dinge.*
- *Zu schweren Verletzungen können Materialien führen, die leicht splittern oder zerbrechen, wie bestimmte Holzarten, Glas, Keramik oder manche Kunststoffteile.*
- *Viele weiche Plastikteile werden in Verbindung mit Magensäure zu glasharten spitzen Teilchen.*

Bei all diesen Dingen drohen dem Hund nicht nur schwere Verletzungen im Maul, sondern auch im Magen-Darm-Trakt. Im schlimmsten Fall kann Ihr Schäferhund ersticken, sich den Darm aufreißen oder einen Darmverschluss bekommen.

Selbst gemachtes Hundespielzeug
Leicht lässt sich ein Jute- oder Lederspielzeug selber herstellen: Nehmen Sie hierfür einen alten Jutesack, füllen sie ihn mit etwas Holzwolle und binden Sie ihn mit einem Baumwollstrick fest zu. Lederreste ergeben zusammengenäht und ausgestopft ebenfalls ein interessantes Apportel. Ein abgetrenntes Jeansbein, ein ausrangiertes T-Shirt, ein ausgedienter Strumpf oder ein altes Handtuch sind, allesamt mit einem großen Knoten versehen, lustige Schleuderspielzeuge. Leere Pizzakartons ergeben lustige Frisbee©-Scheiben für den Hausgebrauch. Anschließend darf Ihr Belgischer Schäferhund diese Flugobjekte nach Herzenslust zerfetzen.

Der gemeinsame Alltag

Ein wohlerzogener Belgischer Schäferhund ist im Alltag ein toller Begleiter. Ihre Freunde freuen sich sicherlich nicht nur über Ihren Besuch, sondern auch über Ihren schwanzwedelnden Gefährten, der schnell Stimmung und Schwung in die Bude bringt. Der gemeinsame Gang in ein Restaurant sowie das brave unter dem Tisch Liegen versteht sich für einen vierbeinigen Gentleman von selbst. Mit einem vorbildlichen Hund sind Sie ein gern gesehener Gast, der fast schon negativ auffällt, wenn er einmal ohne seinen haarigen Begleiter kommt. Die mittägliche Einkehr wird Ihrem Schäferhund versüßt, wenn er genüsslich an einer wohlverdienten Kaustange knabbern darf. Ein anschließender Verdauungsspaziergang tut nicht nur Ihnen, sondern auch Ihrem Vierbeiner gut. Ein wohlerzogener Hund kann Sie außerdem zum Einkaufen begleiten. Gerne trägt Ihnen ein eifriger Apporteur beispielsweise eine gekaufte Zeitung nach Hause.
Etliche Hunde sind wahre Autofetischisten, die einfach nur gerne mitfahren. Achten Sie hier unbedingt auf die ausreichende Sicherung Ihres Vierbeiners, ansonsten kann es im Falle eines Unfalls nicht nur gefährlich, sondern auch teuer werden, denn Tiere gelten im Auto rechtlich gesehen als Ladung. Sicherungssysteme gibt es inzwischen viele, doch leider sind nicht alle wirklich empfehlenswert. Achten Sie bei der Auswahl am besten auf vorliegende Ergebnisse von Crashtests oder DIN-Prüfungen. Auch der ADAC hat eine Liste mit Vor- und Nachteilen unterschiedlicher Sicherungseinrichtungen wie Spezialsicherheitsgurte, Trenngitter, Transportboxen & Co. herausgegeben.
Natürlich kann Sie Ihr Belgischer Schäferhund bei vielen weiteren Aktivitäten begleiten: zum Beispiel bei einem Ausritt, einem Ausflug an einen Badesee, zu einem Picknick oder bei diversen Wintersportarten. Vielleicht haben Sie

Pappe ist ein tolles Universalspielzeug.

Erste-Hilfe-Tipp!

Hat Ihr Hund mal aus Versehen ein gefährliches spitzes oder scharfes Teil gefressen, füttern Sie als Erste-Hilfe-Maßnahme sofort rohes Sauerkraut; dies wickelt sich im Verdauungstrakt um den Gegenstand, sodass dieser, meist ohne weitere Schäden anzurichten, wieder ausgeschieden wird. Kontaktieren Sie zur Sicherheit aber trotzdem auch Ihren Tierarzt.

In einer Hundetagesstätte sind in der Regel mehrere Vierbeiner anwesend.

auch einen hundefreundlichen Chef, der sich über einen vierbeinigen Mitarbeiter mit Aufgabenschwerpunkt „Verbesserung des Betriebsklimas“ freut. Wichtig ist bei allem, dass Sie Ihren Hund ganz behutsam an die jeweils neue Situation heranführen. Sparen Sie dabei nie mit Lob. Trauen Sie ihm andererseits aber auch außerhalb Ihrer vier Wände ruhig ein ordentliches Auftreten zu. Nur Mut!

Hundesitter und -tagesstätten

Sicherlich können Sie Ihren Belgischen Schäferhund nicht immer überallhin mitnehmen. Wenn Sie länger als fünf Stunden abwesend sind, sollten Sie ihn bei einem Hundesitter unterbringen. Idealerweise finden Sie jemanden im Freundes- oder Verwandtenkreis, der Ihren Schäferhund liebt und bei dem sich auch Ihr Hund wohlfühlt. Ist dieser Fall für Sie unrealistisch, fragen Sie andere Hundebesitzer, die Sie täglich beim Spaziergang treffen. Vielleicht kennt jemand eine hundebegeisterte Person, die selbst keinen Vierbeiner halten kann, aber hoch erfreut über gelegentlichen Hundebesuch ist. Häufig sind Tiersitter auch Tierärzten, Tierschutzvereinen, Hundeschulen, Zoofachhändlern oder Ihrem Züchter bekannt. Empfehlenswert ist ebenfalls der Blick in die Kleinanzeigen Ihrer Tageszeitung oder ins Internet.

Möchten Sie Ihren Belgischen Schäferhund lieber von einem Profi betreuen lassen, wenden Sie sich an eine Hundetagesstätte; hier sind meist mehrere Vierbeiner gleichzeitig „geparkt“. Für gut sozialisierte Hunde ist dieser Aufenthalt ein großer Spaß, da sie hier viel Kontakt mit Artgenossen bekommen. Sensiblere Vertreter fühlen sich eventuell bei einem privaten Betreuer wohler, denn er kümmert sich ganz individuell ausschließlich nur um sie. Tagesstätten sind häufig Hundepensionen oder -hotels angegliedert. Der Aufenthalt hier ist in der Regel teurer als bei einer privaten Stelle. Andererseits können Sie in professionellen Betrieben oftmals Extras buchen wie Erziehungstraining, Tierarztbesuche oder Wellnessprogramme. Nehmen Sie sich auf alle Fälle viel Zeit für die Suche und Auswahl eines geeigneten Hundesitters. Sehen Sie sich vor Ort genau um und beobachten Sie gut, wie Mensch und Hund miteinander umgehen und aufeinander reagieren. Nur wenn ein optimales Vertrauensverhältnis gegeben ist, werden sich beide Seiten wohlfühlen. Und nur dann können Sie beruhigt auch mal ohne Ihren Belgischen Schäferhund unterwegs sein. Wichtig ist außerdem, den Vierbeiner möglichst frühzeitig an die Unterbringung bei anderen Personen zu gewöhnen, dann fällt ihm später die vorübergehende Trennung von Ihnen nicht so schwer.

Liebt Ihr Hund Kinder, fühlt er sich während Ihrer Abwesenheit bei einer Familie mit Kindern wohl.

Urlaub

Mit dem Belgischen Schäferhund auf Reisen

Dabeisein ist für einen Belgischen Schäferhund alles, daher gibt es für ihn auch nichts Schöneres als Sie im Urlaub zu begleiten. Ein sicherer Garant für eine erholsame Reise ist in erster Linie eine gute Organisation im Vorfeld. Möchten Sie ins Ausland fahren, sprechen Sie unbedingt vor Ihren Ferien mit Ihrem Tierarzt; er wird Sie beraten und aufklären und Ihnen alle erforderlichen Medikamente mitgeben. Vergessen Sie nicht, den auf dem Mikrochip des Hundes enthaltenen Code spätestens vor einer geplanten Reise bei einem Tierregister (siehe Seite 126 „Hilfreiche Adressen“) eintragen zu lassen, damit Ihr Vierbeiner im Falle eines Verschwindens schneller wiedergefunden werden kann. Besorgen Sie rechtzeitig alle Grenzpapiere, fehlendes Reisezubehör und Hundefutter.

Haben Sie einen hundefreundlichen Urlaubsort gefunden, geht es an die Suche einer geeigneten Unterkunft. Wollen Sie ein All-Inclusive-Paket buchen, sind Sie mit einem tierfreundlichen Hotel gut beraten. Inzwischen gibt es sogar richtige Hundehotels, in denen sich Herr und Hund gleichermaßen verwöhnen lassen können. Außerdem werden Hotels mit angegliederter Hundeschule immer beliebter. Gerade Singles treffen hier viele Gleichgesinnte und knüpfen schnell Kontakte.

Lieben Sie es dagegen ruhiger, sind Sie gern flexibel und können gut auf Luxus verzichten, empfiehlt sich ein Ferienhaus oder -wohnung. Hier sind Sie Ihr eigener Herr und haben für sich und Ihren Belgischen Schäferhund viel Platz. Urige Camping- und Hüttenaufenthalte sowie Trekkingtouren mit Hund stellen für abenteuerlustige Outdoorfreaks eine reizvolle Alternative zum herkömmlichen Urlaub dar. Erkundigen Sie sich aber unbedingt vorab, ob Ihr Vierbeiner auch wirklich willkommen ist.

Verreisen Sie mit einem Welpen, sind Sie in einer Ferienwohnung mit Garten gut untergebracht.

Über das Internet oder das Tourismusbüro Ihres ausgewählten Ferienortes bekommen Sie entsprechende Adressen und Informationen.

Welches Verkehrsmittel nehmen?

Eine gute Organisation schließt auch die Wahl nach einem passenden Verkehrsmittel mit ein. Je nach Land und gewähltem Verkehrsmittel gibt es für die Mitnahme eines Hundes einiges zu beachten, schließlich soll schon die Anreise für alle Beteiligten stressfrei und entspannend sein. Am beliebtesten ist sicherlich die Fahrt mit dem Auto. Ihr Schäferhund benötigt hier unbedingt einen eigenen Platz, an dem er vorschriftsmäßig gesichert ist. Achten Sie außerdem auf ausreichend Kühlung sowie Frischluft und Wasser. Vermeiden Sie jedoch Zugluft, denn die kann zu schweren Augenentzündungen und Erkältungen führen.

Regelmäßige Gassi- und Trinkpausen sind ein Muss; halten Sie dafür immer Wasserflasche und -napf griffbereit. Füttern Sie Ihren Hund zuletzt maximal vier Stunden vor Reiseantritt, ansonsten liegt ihm sein Futter unterwegs schwer im Magen. Führt Ihre Strecke über Bergstraßen, bieten Sie Ihrem Vierbeiner bei häufigem Gähnen oder Hecheln ein paar Leckerli oder einen Kauknochen an, damit sich der unangenehme Druck auf den Ohren löst. Planen Sie auf jeden Fall genug Zeit für die

Im Auto muss Ihr Vierbeiner unbedingt ausreichend gesichert sein, ansonsten kann es unter Umständen gefährlich und teuer für Sie werden.

Fahren Sie im Falle eines Staus von der Autobahn ab und unternehmen Sie erst einmal einen kleinen Spaziergang.

Anreise ein, eventuell sogar mit Zwischenübernachtungen. Die besten Reisezeiten sind morgens und abends, eventuell sogar nachts. Versuchen Sie, Staugebiete zu umfahren. Kommen Sie trotzdem in einen Stau, verlassen Sie bei nächster Gelegenheit lieber die Autobahn für einen Spaziergang, bis sich der Stau wieder aufgelöst hat.

Mit der Bahn unterwegs

Für die Fahrt in einem öffentlichen Verkehrsmittel ist ein guter Benimm Ihres Belgischen Schäferhundes eine selbstverständliche Grundvoraussetzung. Auch eine gewisse Nervenstärke ist von Nöten, denn nicht nur auf

Tipp!

Wenn Sie selbst eine kurze Pause benötigen, lassen Sie Ihren Hund an heißen Tagen nie im Auto zurück. Auch geöffnete Fenster verhindern nicht die enorme Aufheizung des Autos, das für den Vierbeiner schnell zur quälenden und tödlichen Falle werden kann.

Tipp!

In Österreich und der Schweiz gelten für die Beförderung von Hunden ähnliche Bestimmungen wie in Deutschland. Nähere Informationen erhalten Sie bei der Österreichischen Bundesbahn (ÖBB) unter **www.oebb.at** *bzw. der Schweizer Bundesbahn (SBB) unter* **www.sbb.ch**.

dem Bahnsteig, sondern auch im Zug selber muss Ihr vierbeiniger Begleiter häufig mit Menschenmengen und großer Enge fertig werden. Unternehmen Sie vor der Abreise noch einen langen Spaziergang, damit Ihr Hund nicht nach einiger Zeit im Zug unruhig wird. Längere Aufenthalte sind für kleine Pinkelpausen nützlich. Stecken Sie für den Notfall ein Kottütchen ein. Lassen Sie Ihren Schäferhund nie auf dem Bahnsteig frei laufen: Leicht könnte er durch das Treiben dort in Panik geraten und entwischen. In der Bahn ist ebenfalls Leinenzwang angesagt. Hunde in der Größe eines Belgischen Schäferhundes müssen einen Maulkorb tragen (außer Blindenhunde) und benötigen eine Kinderfahrkarte. Weitere Infos finden Sie im Internet unter www.bahn.de.

Unterwegs in Bus und Taxi

In vielen Städten gibt es spezielle Tiertaxis. Aber auch in normalen Taxis dürfen Hunde mitfahren. Erwähnen Sie aber bereits bei der Bestellung, dass Sie ein Vierbeiner begleitet. Busfahren ist in manchen Städten für Hunde kostenlos, in anderen gilt der halbe Fahrpreis. Fragen Sie entweder gleich vor Ort den Fahrer oder erkundigen Sie sich vorab beim örtlichen Fremdenverkehrsbüro.

„Eine Seefahrt, die ist lustig ..."

Fährüberfahrten mit einer Dauer von ein bis drei Stunden stellen für Hundebesitzer meist kein Problem dar, weil der Vierbeiner in der Regel mit an Deck darf. Allerdings kann dies auch von Land zu Land verschieden sein, erkundigen Sie sich also lieber vorab bei Ihrem Reiseveranstalter. Bei längeren Strecken sind Hunde häufig wegen fehlender Unterbringungsmöglichkeiten nicht zugelassen. Manche Fähren bieten inzwischen schon spezielle

Belgische Schäferhunde sind häufig besser im als auf dem Wasser aufgehoben.

In der Bahn gilt für einen Belgischen Schäferhund Leinen- und Maulkorbzwang, auch wenn der Vierbeiner ganz brav ist.

Das gehört ins Hundegepäck

- ✓ Leine und Halsband bzw. Geschirr
- ✓ Adressen-Schild fürs Halsband mit Urlaubsadresse und dem Reisezeitraum sowie der Heimatadresse
- ✓ Eventuell Maulkorb
- ✓ Eventuell Transportbox
- ✓ Körbchen, Decke und Handtücher
- ✓ Spielzeug
- ✓ Frisches Trinkwasser und Näpfe
- ✓ Futter, Leckerli und Kauknochen
- ✓ Dosenöffner
- ✓ Bürste und Kamm
- ✓ Kottütchen
- ✓ Sonnenschutz
- ✓ Reiseapotheke
- ✓ EU-Heimtierausweis/Grenzpapiere
- ✓ Versicherungsnummer und Nummer der Telefonhotline bzw. Anschrift der Haftpflichtversicherung

Die Reiseapotheke für Ihren Hund sollte enthalten

- Eventuell benötigte Dauermedikamente
- Mittel gegen Durchfall
- Wundspray/Desinfektionsmittel
- Augen- und Ohrentropfen
- Floh- und Zeckenmittel
- Zeckenzange
- Schere
- Fieberthermometer
- Gaze, Verbandsmaterial
- Pfotenschutzschuh
- Rescue-Tropfen von Bach

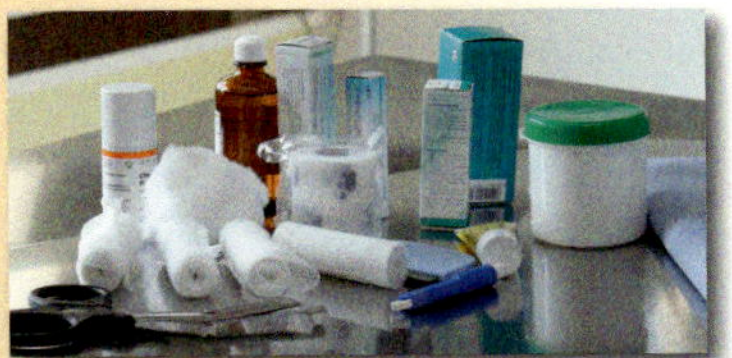

Hundekabinen an. Grundsätzlich gilt auf Schiffen Leinenzwang, manchmal sogar Maulkorbpflicht. Vergessen Sie nicht Ihre Hundegrundausstattung wie Napf, Wasser, eventuell etwas Futter, eine Decke sowie den Impfpass und je nach Einreiseformalität ein Gesundheitszeugnis. Kreuzfahrten sind für Hunde tabu. Einzige Ausnahme: die „Queen Elisabeth II", sie hat ein eigenes Hundedeck.

Flugreisen mit Hund

Nur kleine Hunde bis zu einem Gewicht von 5 kg dürfen bei den meisten Fluggesellschaften im Passagierraum mitfliegen. Informieren Sie sich aber unbedingt vor der Flugbuchung über die Mitnahme. Auch Blinden- und Behindertenbegleithunde können unabhängig von ihrer Größe bei ihrem Führer bleiben. Vierbeiner in der Größe eines Belgischen Schäferhundes müssen in einer Transportbox im Gepäckraum untergebracht werden. Spre-

Internet-Tipp

Unter ***www.partner-hund.de*** *finden Sie die Einreisebestimmungen für Reisen mit Hund ins Ausland; auch etliche Gesetze, die im Reiseland gelten, sind aufgeführt sowie diverse Inlandsbestimmungen, hundefreundliche Ferienquartiere, Reiseangebote, Checklisten, Zubehör und Bezugsquellen.*

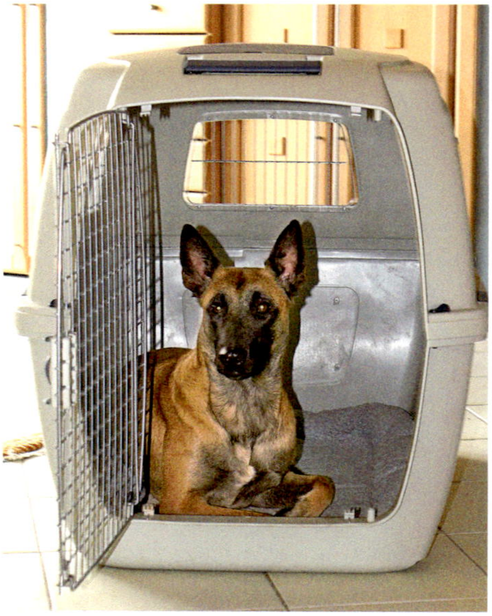

Flugreisen sind für Belgische Schäferhunde nicht ideal, denn hier dürfen sie nur in einer Transportbox im Gepäckraum mitfliegen.

Spielzeug darf im Hundekoffer natürlich nicht fehlen.

Weitere interessante Hinweise zum Thema „Urlaub mit Hund" finden Sie unter ***www.ferien-mit-hund.de****.*

chen Sie vor einem Flug mit Ihrem Tierarzt und lassen Sie sich auf jeden Fall ein Beruhigungsmittel für Ihren Vierbeiner mitgeben, denn eine Flugreise bedeutet großen Stress für den Hund. Weitere Informationen zum Thema bekommen Sie unter **www.flughund.de**.

Der Belgische Schäferhund in der Pflegestelle

Haben Sie ein besonders weit entferntes oder heißes Urlaubsziel im Auge, ist es besser auf die Mitnahme Ihres Belgischen Schäferhundes zu verzichten und ihn während Ihrer Abwesenheit zu Hause optimal unterzubringen. Auch diese Ferienvariante muss gut vorbereitet werden. So gilt es zunächst einen zuverlässigen, lieben Hundesitter oder eine kompetente Tierpension zu finden. Im Idealfall kann Ihr Schäferhund bei Verwandten oder Freunden einquartiert werden. Häufig nimmt der Züchter seinen ehemaligen Nachwuchs gern in Pflege. Vielleicht kennt er aber auch jemanden, bei dem Ihr haariger Kamerad während Ihres Urlaubs gut aufgehoben ist. Professionelle Hundepensionen finden Sie über das Internet, das Branchenverzeichnis, Ihren Tierarzt, Tierschutzvereine, Zoofachgeschäfte, Hundevereine, den Kleinanzeigenteil Ihrer Tageszeitung oder Tierzeitschriften. Auch andere Hundebesitzer, die Ihren Vierbeiner ebenfalls schon in einer Pension untergebracht haben, können Ihnen entsprechende Tipps geben.

Sogar Tierheime nehmen vorübergehende Pfleglinge auf. Die Bezahlung ist hier für einen guten Zweck, denn das Geld kommt gleichzei-

Für die Pflegefamilie muss zusätzlich ins Hundegepäck

- ✓ Eventuell nötige Medikamente
- ✓ Ihre Urlaubsadresse bzw. Handynummer für Notfälle
- ✓ Telefonnummer Ihres Tierarztes
- ✓ Liste mit Vorlieben, Abneigungen und Eigenheiten Ihres Hundes

tig dem Tierschutz zugute. Nehmen Sie sich unbedingt Zeit für die Auswahl eines geeigneten Pflegeplatzes. Sehen Sie sich vor Ort genau um, sprechen Sie ausführlich mit der zuständigen Person und vereinbaren Sie vorab am besten mehrere Treffen, damit Ihr Belgischer Schäferhund und der vorübergehende Betreuer sich schon etwas kennenlernen. Beobachten Sie das Verhalten Ihres Vierbeiners: Fühlt er sich wohl in der neuen Umgebung? Hat er Vertrauen zu seinem möglichen Pfleger? Nehmen Sie Abstand von Hundepensionen, die nur auf Ihr Geld, nicht aber auf das Wohl Ihres Hundes aus sind. Zahlen Sie andererseits lieber mehr, wenn Ihnen der Pflegeplatz optimal erscheint. Haben Sie einen vertrauenswürdigen Hundesitter gefunden, schließen Sie mit ihm einen Vertrag ab. Sprechen Sie eventuelle Vorlieben, Abneigungen und Eigenheiten Ihres Schäferhundes an. Informieren Sie ihn außerdem über die gewohnten Fütterungs- und Gassigehzeiten. Gehorcht Ihr Vierbeiner nicht

Am Verhalten Ihres Vierbeiners merken Sie schnell, ob er sich in der Pflegestelle wohlfühlt.

absolut zuverlässig, bitten Sie den Pfleger, Ihren Hund beim Spaziergang nicht abzuleinen. Alle wichtigen Informationen halten Sie für den Sitter am besten schriftlich fest. Geben Sie Ihren Belgischen Schäferhund nicht erst am letzten Tag vor Ihrer Reise in der Betreuungsstelle ab, damit eventuelle Schwierigkeiten noch vor Ihrer Abfahrt geklärt werden können.

Vorsorge

Belgische Schäferhunde sind in der Regel sehr robust, gesund und langlebig.

Neben einer optimalen Pflege, Ernährung und Auslastung gibt es weitere vorsorgende Maßnahmen, die zu einem langen, gesunden Hundeleben beitragen. Hierzu gehören natürlich regelmäßige Entwurmungen und Impfungen (siehe auch Kasten Seite 110). Außerdem ist ein hygienisches Umfeld wichtig: Achten Sie stets auf einen sauberen Futterplatz und gereinigte Näpfe. Waschen Sie auch das Hundebett öfter in der Maschine, damit Parasiten wie Milben oder Flöhe keine Überlebenschance haben. Suchen Sie Ihren Belgischen Schäferhund zudem von Frühjahr bis Herbst täglich nach Zecken ab, denn diese könnten Ihren Hund beispielsweise mit Borreliose infizieren. Vor starkem Befall schützen spezielle Präparate vom Tierarzt.

Eine bewährte Prophylaxe gegen Krankheitsanfälligkeit ist viel Bewegung an der frischen

Entwurmung

Führen Sie viermal im Jahr eine Wurmkur bei Ihrem Vierbeiner durch, um ihn vor Darmparasiten wie Band-, Rund-, Haken- und Peitschenwürmern zu schützen, mit denen er sich überall in freier Natur durch tote Wildtiere oder deren Kot infizieren kann. Achten Sie dabei auf wechselnde Präparate, da die Parasiten Resistenzen bilden können. Möchten Sie Ihren Hund nicht routinemäßig entwurmen, sollten Sie wenigstens alle drei Monate eine Kotprobe Ihres Vierbeiners auf Würmer untersuchen lassen, damit Sie im Falle einer Infektion schnell handeln können, schließlich ist eine Übertragung auf Menschen ebenfalls möglich.

Vorbeugen ist besser als Heilen – so stärkt viel Bewegung an der frischen Luft bei jedem Wetter das Immunsystem nachhaltig.

Luft bei jedem Wetter, denn auf diese Weise härten Sie Ihren Vierbeiner ab.

Manchen gesundheitlichen Schwachstellen Ihres Hundes können Sie gut mit Alternativmedizin begegnen und dadurch Erkrankungen vorbeugen. Hier leistet beispielsweise die Homöopathie hervorragende Dienste. So unterstützt Echinacea wirkungsvoll ein geschwächtes Immunsystem. Das Anfangsmittel bei einer beginnenden Erkältung ist Aconitum. Gelsemium oder Euphorbium können bei bereits bestehendem Schnupfen und Belladonna bei Husten helfen. Zur Verbesserung des Allgemeinbefindens wird China oder Mucosa verabreicht. Weitere wirksame Rezepte hält die Kräutermedizin parat. So tun Salbei-Tee und -Honig Ihrem Hund bei Husten gut. Auch Löwenzahn- und Spitzwegerich-Honig sind empfehlenswert. Geben Sie in der Akutphase mehrmals täglich einen Teelöffel. Anfällige, alte oder geschwächte Tiere bekommen durch Zufütterung von Vitamin-C-reichem Hagebutten- oder Holunderbeerenmus neuen Schwung. Zur allgemeinen Stärkung ist Rosmarin sehr gut geeignet. Brennnessel und Löwenzahn kurbeln den Stoffwechsel an und sorgen auf diese Weise für eine bessere Fitness.

Reiben Sie rissige Ballen mit Kamillen- oder Ringelblumensalbe ein, damit sie sich nicht entzünden. Ebenso bewährt haben sich Johanniskraut- und Lavendelöl.

Behandeln Sie eine durch Schneefressen verursachte Magenreizung mit Kamillen-Tee; er wirkt entzündungshemmend und beruhigt die Schleimhaut. Legen Sie bei Bauchschmerzen ein warmes, entspannendes Dinkelkissen unter den Hundebauch. Natürlich gehört auch ein hundesicheres Zuhause zu einer umfas-

Die Hausapotheke für Ihren Hund

- Eventuell nötige Dauermedikamente
- Mittel gegen Reisekrankheit/Beruhigungsmittel
- Mittel gegen Durchfall
- Wundspray/Desinfektionsmittel
- Augen- und Ohrentropfen
- Floh- und Zeckenmittel
- Zeckenzange
- Wurmkur
- Schere
- Fieberthermometer
- Gaze, Verbandsmaterial
- Pfotenschutzschuh
- Vaseline gegen rissige Ballen
- Eventuell Maulkorb
- Rescue-Tropfen von Bach

Physiologische Daten eines Belgische Schäferhundes

Körpertemperatur 38 bis 39 °C (bei Welpen bis zu 39,3 °C)

Atemfrequenz 20 bis 30 Züge pro Minute

Pulsfrequenz 70 bis 100 pro Minute

Schleimhaut: rosa, feucht, glatt und glänzend, ohne Auflagerungen

Bei Stress und/oder körperlicher Belastung steigen diese Werte an.

senden Gesundheitsvorsorge. So ist der beste Schutz vor Unfällen die Vermeidung gefährlicher Situationen. Was Sie dabei in Ihrer Wohnung und Ihrem Garten alles beachten müssen, lesen Sie auf Seite 44 „Welpensicheres Zuhause".

Wenn Ihr Belgischer Schäferhund nicht zuverlässig folgt, leinen Sie ihn in unsicherem Gelände nie ab: zu schnell kommt es zu einer Katastrophe. Ein wirkungsvoller Schutz vor Vergiftungen ist, Ihrem Hund schon früh beizubringen, nur auf Befehl hin zu fressen. So nimmt er auch unterwegs nichts Unerlaubtes und eventuell Gefährliches auf.

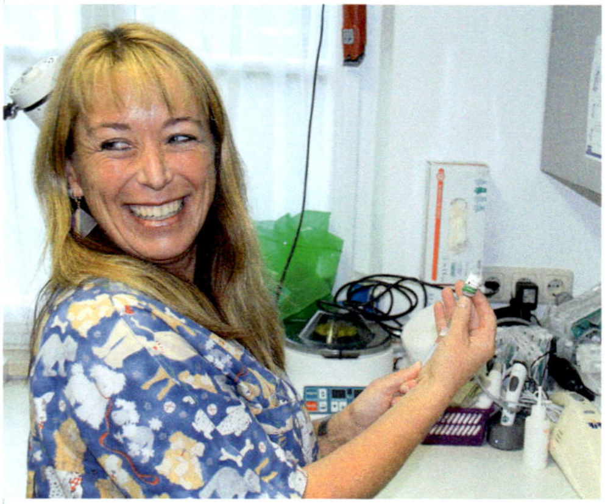

Impfungen sind wichtig, denn damit ist Ihr Belgier vor einigen sehr gefährlichen Infektionskrankheiten geschützt.

Impfungen

Damit Ihr Vierbeiner vor einigen sehr gefährlichen Infektionskrankheiten geschützt ist, sind Impfungen wichtig, die bis zur Abgabe des Welpen beim Züchter durchgeführt werden müssen. Für alle weiteren Impfungen sind Sie als neues Herrchen oder Frauchen des kleinen Knirpses verantwortlich. Zwar kann auch ein geimpfter Hund noch an den diversen Erregern erkranken, der Krankheitsverlauf selbst ist dann aber nur leicht, schließlich hatte das Immunsystem durch die Impfung vorab schon die Möglichkeit, sich durch die Bildung von entsprechenden Antikörpern auf die Erregerbekämpfung vorzubereiten.

Folgendes Impfschema ist angeraten:

6. bis 8. Woche *Parvovirose und Staupe*

8. Woche *Hepatitis c.c., Leptospirose und Zwingerhusten*

10. bis 12. Woche *Auffrischung Parvovirose und Staupe*

12. Woche *Auffrischung Hepatitis c.c., Leptospirose und Zwingerhusten*

ab 12. Woche *Tollwut*

Das vom VDH und Tierärzten empfohlene Impfschema empfiehlt ***mit 16 Wochen eine weitere Impfung:*** *Parvovirose, Staupe, Hepatitis, Leptospirose, Zwingerhusten, Tollwut*

alle ein bis drei Jahre eine Auffrischungsimpfung *Parvovirose, Staupe, Hepatitis c.c., Leptospirose, Zwingerhusten, Tollwut*

Bekannte Krankheitsbilder

Beobachten Sie Ihren Belgischen Schäferhund gut. Je eher Sie bei einer Krankheit reagieren, umso besser sind die Heilungschancen.

Je eher Sie eine Krankheit bei Ihrem Belgischen Schäferhund erkennen, umso besser. Beobachten Sie daher Ihren Hund gut und reagieren Sie bereits bei den ersten Anzeichen einer Erkrankung. Suchen Sie frühzeitig einen Tierarzt auf, hat Ihr Vierbeiner grundsätzlich die besten Heilungschancen.
Nachfolgend stellen wir einige Krankheitsbilder vor, grundsätzlich ist der Belgische Schäferhund aber eine sehr robuste, gesunde und langlebige Rasse.

Leinen Sie Ihren Hund nur ab, wenn er absolut zuverlässig folgt.

Notfall-Set

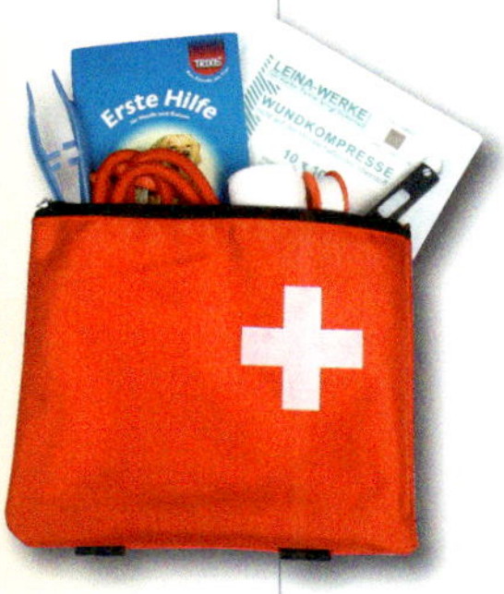

- Elastische Mullbinden
- Sterile Gaze
- Selbstklebende Verbände
- Watte
- Pflasterrolle
- Verbandsschere
- Wunddesinfektionsmittel
- Antiseptisches Puder
- Brand- und Antihistamin-Salbe (vom Tierarzt)
- Heparin-Salbe (vom Tierarzt)
- Traumeel Salbe
- Digitales Fieberthermometer
- Taschenlampe
- Decke
- Eventuell Maulkorb
- Ersatzleine
- Einmalhandschuhe

In den deutschen Rassezuchtvereinen herrscht eine strenge Zuchtauslese bezüglich HD – mit Erfolg.

Hüftgelenksdysplasie (HD)

Unter der Hüftgelenksdysplasie versteht man eine Fehlentwicklung der Hüftgelenke. Hüftpfanne und Oberschenkelkopf entwickeln sich nicht passend zueinander; weil die Pfanne zu flach, der Kopf zu klein oder nicht rund ist, umschließen sich beide Teile nicht richtig; somit liegt zu viel Spiel dazwischen, das zu einer verstärkten Reibung und Abnutzung im Gelenk führt. Dysplasien sind überwiegend genetisch bedingte Entwicklungs- bzw. Wachstumsstörungen. Die Rassezuchtvereine in Deutschland legen auf eine sehr strenge Zuchtauswahl Wert – mit Erfolg, denn fast alle der in deutschen Rassezuchtvereinen gezüchteten Belgischen Schäferhunde sind HD-frei oder zeigen Übergangsformen.

Epilepsie

Epilepsie ist eine Anfallserkrankung, die sich in Muskelkrämpfen zeigt. Sie können als Schüttelkrämpfe oder als anhaltende Muskelanspannung auftreten und sind Folge anfallsartiger, synchroner Entladungen von Neuronengruppen im Gehirn. Gleichzeitig beobachtet man häufig Bewusstlosigkeit, Halluzinationen, Verhaltens- und Wesensänderungen, Harn- oder Kotabsatz sowie Speicheln. Die Diagnose erfolgt mittels einer Hirnstromkurve (EEG) oder bildgebenden Verfahren. Man unterscheidet zwischen einer primären (angeborenen) und einer sekundären (durch andere Erkrankungen erworbene) Epilepsie. Ein Anfall dauert in der Regel ein paar Minuten. Die Behandlung erfolgt als Dauertherapie mit Anti-Epileptika; auch die Homöopathie kann hier gute Erfolge erzielen. Die Rassezuchtvereine schließen epilepsiekranke Hunde von der Zucht aus.

Krebserkrankungen

In den letzten Jahren kam es unter den Belgischen Schäferhunden gehäuft zu diversen Krebserkrankungen. Vor allem Magenkrebs trat öfters auf. Inwieweit diese Erkrankungen jedoch rassespezifisch sind, ist noch nicht geklärt.

Rassespezifische Krankheiten gibt es bei den Belgiern so gut wie keine.

Alternative Heilmethoden

Alternative Heilmethoden kommen immer mehr auch in der Tiermedizin zum Einsatz und zwar mit großem Erfolg.

Auch im tiertherapeutischen Sektor sind alternative Heilmethoden zunehmend im Kommen. Bei manchen Krankheiten kann eine schulmedizinische Behandlung häufig völlig durch alternative Verfahren ersetzt werden. Meist dauert solch eine Therapie zwar länger, andererseits ist sie jedoch deutlich nebenwirkungsärmer. Bei chronischen Erkrankungen hat sich der Einsatz alternativer Heilmethoden ebenfalls bewährt. In schweren Krankheitsfällen können natürliche Verfahren mit der Schulmedizin kombiniert werden und so zusätzliche Linderung verschaffen. Im Folgenden stellen wir Ihnen einige bewährte Heilmethoden vor.

Homöopathie

Die Homöopathie, die von dem Arzt Samuel Hahnemann (1755–1843) begründet wurde, betrachtet den Menschen bzw. das Tier als Ganzes. Hier spielt nicht nur das akute körperliche Symptom eine Rolle, sondern die gesamte Persönlichkeit des Tieres mit all ihren körperlichen und seelischen Eigenheiten. Um das passende Mittel zu finden, sind also neben dem Leitsymptom auch der Wesenstyp, die Entstehung der Krankheit, der augenblickliche Zustand und weitere Besonderheiten des Patienten zu beachten. Dabei gilt der Grundsatz: Ähnliches ist mit Ähnlichem zu heilen. Ho-

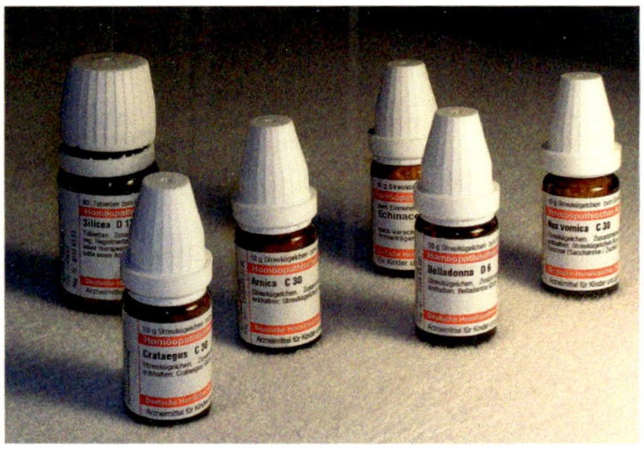

Die Homöopathie sieht Mensch und Tier als Ganzes, nicht nur das körperliche Symptom spielt also eine Rolle, sondern auch die Psyche des jeweiligen Individuums.

möopathika stammen überwiegend aus dem Pflanzenreich; man verwendet aber auch Mineralien, Stoffe aus dem Tierreich, Metalle und Nosoden. Mithilfe von Wasser, Alkohol oder Milchzucker entstehen aus den natürlichen Stoffen Ursubstanzen. Diese Ursubstanzen werden nach den Angaben Hahnemanns durch entsprechende Verdünnungen zu Dezimalpotenzen (z. B. D-, C-, LM-Potenzen) verarbeitet, die der Therapeut schließlich je nach Schweregrad der Erkrankung zur Behandlung einsetzt. Homöopathische Arzneimittel gibt es als Tropfen, Tabletten, Globuli (Streukügelchen) oder Injektionslösungen. Neben den reinen Substanzen sind auch etliche homöopathische Mischpräparate erhältlich, sogenannte Komplexmittel.

Phytotherapie

Unter Phytotherapie oder Pflanzenheilkunde versteht man die Lehre der Verwendung von Heilpflanzen als Medikament. Sie gehört zu den ältesten medizinischen Therapien und ist auf der ganzen Welt in allen Kulturen verbreitet. Zum Einsatz kommen dabei ganze Pflanzen und deren Teile (Blüten, Blätter, Wurzel), die auf verschiedene Weise (z. B. als Frischkraut, Aufguss, Auskochung, Kaltwasserauszug und Pulverisierung) zu einem Medikament verarbeitet werden. Meist verwendet der Phytotherapeut Stoffgemische, die sich bereits als gut wirksam bewährt haben. Auch die Homöopathie nutzt auf pflanzlicher Ebene die Erkenntnisse der Phytotherapie.

Akupunktur

Die Akupunktur ist ein Teilgebiet der Traditionellen Chinesischen Medizin (TCM). Man geht hier von über 300 Akupunkturpunkten aus, die auf verschiedenen Meridianen (= Energiebahnen) des Körpers angeordnet sind. Durch das Einstechen von speziellen Akupunkturnadeln erwärmen sich die gestochenen Punkte und bringen das Qi (= Lebensenergie) wieder in einen intakten Fluss. Die Akupunktur gehört zu den Umsteuerungs- und Regulationstherapien. Eine Sitzung dauert ca. 20 bis 30 Minuten. Der Patient wird dabei ruhig und entspannt gelagert. Eine komplette Therapie umfasst in der Regel 10 bis 15 Sitzungen. Die Akupunktur hat sich vor allem bei Schmerzpatienten bewährt. Für Hunde mit HD oder an-

In der Phytotherapie kommen nicht nur ganze Pflanzen, sondern auch einzelne Teile davon zum Einsatz.

Die Osteopathie aktiviert die Selbstheilungskräfte des Körpers.

Die Akupunktur kann schmerzgeplagten Vierbeinern zu neuer Beweglichkeit verhelfen.

deren Gelenkproblemen ist dies oft die letzte Chance, schmerzfrei zu werden. Eine Spezialform der Akupunktur ist die Goldakupunktur: Dabei werden kleine Goldkügelchen minimalinvasiv unter Narkose in bestimmte Akupunkturpunkte eingesetzt. Diese Goldkugeln bewirken eine Dauerakupunktur; die Schmerzleitung wird dadurch gehemmt und das Tier läuft somit wieder beschwerdefrei. Der Eingriff ist einmalig und wirkt in der Regel ein Leben lang. Die Goldakupunktur führt nicht jeder Tierarzt durch. Voraussetzung ist eine Ausbildung sowie langjährige Erfahrung in Akupunktur, ganzheitlicher Orthopädie und Chirurgie. Tierärzte mit der Zusatzbezeichnung „Akupunktur“ sind bei den einzelnen Landestierärztekammern zu erfahren.

Osteopathie

Die Osteopathie ist eine sanfte Methode, mit deren Hilfe die Selbstheilungskräfte des Körpers neu aktiviert werden. Auch der Osteotherapeut arbeitet ganzheitlich; nach einem ausführlichen Gespräch über den Patienten und dessen Beschwerden erspürt er mit seinen Händen Körperblockaden, die er anschließend durch bestimmte Berührungstechniken auflöst (meist sind mehrere Anwendungen nötig). Auf diese Weise kommt das Körpergewebe wieder ins Gleichgewicht und alle Körperflüssigkeiten zurück in ihren natürlichen Fluss. Osteopathie wird vor allem bei Schmerzpatienten erfolgreich angewendet, wobei der Schmerz meist nur ein Symptom einer tiefer liegenden Erkrankung bzw. Blockade ist. Immer mehr Tierphysiotherapeuten bieten zusätzlich zu ihrem herkömmlichen Leistungsspektrum Osteopathie an.

Was ändert sich im Alter?

Bereiten Sie Ihrem alternden Belgier einen besonders schönen Lebensabend. Er hat es sich redlich verdient.

Ein Belgischer Schäferhund beginnt etwa ab dem 9. Lebensjahr zu altern. Dies macht sich nicht nur durch äußere Anzeichen wie dem zunehmenden Grauwerden um Schnauze und Augen bemerkbar, sondern auch durch bestimmte Wesensveränderungen und Alterswehwehchen. Mit der Zeit wird Ihr Belgier gelassener und ruhiger. Er hat ein höheres Schlafbedürfnis als früher, sein Bewegungsdrang nimmt allmählich ab. Häufig reagieren ältere Vierbeiner weniger flexibel auf Veränderungen. Eine verstärkte Anhänglichkeit, nächtliche Unruhe und geringeres Interesse an Artgenossen sind ebenfalls oft zu erkennen. Manche Hunde zeigen sich sogar schrullig und legen plötzlich bestimmte Marotten an den Tag, die sie vorher nicht hatten. Ursache hierfür können Verkalkungen im Gehirn sein, die eine Senilität bewirken. Nun sind mehr denn je Ihr Humor und Ihre Lockerheit gefragt. Zwar sollten Sie selbst mit einem alten Vierbeiner konsequent sein, trotzdem darf hier und da ein Augenzwinkern nicht fehlen.

Auch die Leistung der Sinnesorgane lässt allmählich nach: Ihr Belgischer Schäferhund hört, sieht und riecht nun schlechter als frü-

Toben und Spielen kann ein wahrer Jungbrunnen für Ihren Senior sein.

Viele ältere Vierbeiner spielen zeitweilig auch noch gerne in kurzen Sequenzen mit anderen Hunden.

her. Viele Hunde zeigen außerdem eine erhöhte Neigung zu Übergewicht. Um den gefährlichen Folgen des Dickwerdens wie Gelenkschäden oder Herz-Kreislauf-Störungen vorzubeugen, ist eine altersangepasste Ernährung nötig.

Trotz aller Veränderungen ist es wichtig, dass Sie Ihren vierbeinigen Senior nicht als alt, senil und „unbrauchbar" abstempeln!

Der richtige Umgang

Wer rastet, der rostet

Nach dem Motto „Wer rastet, der rostet" altert Ihr Belgischer Schäferhund schneller, wenn er sich abgeschoben fühlt und nicht mehr altersangemessen gefordert wird. Daher ist körperliche Aktivität besonders wichtig. Sie bringt nicht nur den Kreislauf in Schwung, auch Muskeln und Gelenke bleiben beweglich. Ebenso wird die Durchblutung aller Organe angeregt und eine optimale Sauerstoffversorgung gewährleistet. Der zusätzliche Abbau von Stresshormonen führt zu ausgeglichener Zufriedenheit. Richten Sie Art und Umfang der Bewegung nach den individuellen Bedürfnissen, der Fitness und der allgemeinen, bis dahin erworbenen Kondition Ihres Belgischen Schäferhundes aus. Gehen Sie sensibel auf den Aktivitätsdrang Ihres Vierbeiners ein; beobachten Sie ihn gut und überfordern Sie ihn nicht. Ein Spaziergang, auf dem Ihr wedelnder Senior über sein Tempo und eventuelle Toberunden selber bestimmen darf, ist besser als eine Joggingrunde, bei der Ihr alter Freund nur mühsam Schritt halten kann. Untrainierte Vierbeiner sollten Sie nicht von heute auf morgen anstrengenden, ungewohnten Aktivitäten aussetzen.

Bei Spaziergängen ist Regelmäßigkeit und Gleichmäßigkeit sehr wichtig; das heißt:

Fitmacher „Spielen"

Fordert Ihr vierbeiniger „Rentner" Sie noch zum Spielen auf, machen Sie ihm die Freude und gehen Sie darauf ein; so fühlt er sich wichtig und dazugehörig. Respektieren Sie allerdings die Tatsache, dass ältere Hunde schneller die Lust am Spielen verlieren als Jungspunde. An manchen Tagen ist Ihr betagter Freund vielleicht überhaupt nicht zum Spielen aufgelegt. Möchte Ihr Senior von heute auf morgen nicht mehr spielen, lassen Sie ihn vom Tierarzt untersuchen, denn eventuell verdirbt ihm ein akutes gesundheitliches Problem den Spaß.

Lassen Sie Ihren Belgischen Schäferhund erst langsam aufwärmen, ehe er einen rasanten Sprint hinlegt.

Gehen Sie mit einem alten Hund im Sommer lieber in den kühlen Morgen- und Abendstunden spazieren als in der größten Mittagshitze.

Gehen Sie mit einem alten Belgischen Schäferhund lieber mehrmals täglich eine halbe Stunde spazieren als einmal am Tag ganz lang. Diese Kontinuität sollten Sie auch am Wochenende und im Urlaub beibehalten, damit der Grad der Belastung einheitlich bleibt. Achten Sie außerdem darauf, dass Ihr Senior vor einer Übungseinheit auf dem Hundeplatz, einer Toberunde mit Artgenossen oder einer kleinen Fahrradtour genügend aufgewärmt ist. Ein unvorbereiteter Kaltstart belastet Herz, Kreislauf, Muskeln, Bänder und Gelenke zu stark. Führen Sie Ihren Belgischen Schäferhund lieber erst in gleichmäßigem Schritttempo an der Leine spazieren, ehe er sich richtig auspowern darf. Im Anschluss an eine sportliche Betätigung sollte Ihr Senior ebenfalls in ruhigem Tempo wieder abkühlen können.

Angemessene Bewegung für Seniorhunde

Um Gelenke, Muskeln und Bänder zu schonen, ist eine gleich bleibende Bewegungsabfolge empfehlenswerter als beispielsweise ein wildes Ballspiel, bei dem der Hund abrupt starten und wieder abbremsen muss.
Extrem Kreislauf belastend sind hohe, schwüle Sommertemperaturen. Verlegen Sie Spaziergänge und sportliche Aktivitäten mit Ihrem wedelnden Rentner an solchen Tagen also lieber auf die kühlen Morgen- und Abendstunden.
Nach wie vor ein toller Sommersport für alte Belgische Schäferhunde ist Schwimmen. Der dabei ausgeführte gleichmäßige Bewegungsablauf schont den Kreislauf und die Gelenke. Hier kann Ihr Belgier auch sein Tempo und das Maß der Bewegung gut selbst bestimmen. Nichtschwimmer planschen vielleicht lieber à la Kneipp. Nutzen Sie in der warmen Jahreszeit also jeden Bach oder Teich, an dem sie vorbeikommen. Vielleicht haben Sie die Möglichkeit Ihrem alten Freund im Garten einen Plastiksandkasten aufzustellen und mit Wasser zu füllen. Solch ein Planschbecken nutzen Belgische Schäferhunde gerne für regelmäßige Abkühlungen an heißen Sommertagen. Rub-

Allroundhelfer „Spaziergang"

Regelmäßiges Spazierengehen ist für alte Hunde toll und sehr wichtig. Der Vierbeiner kann hier sein Tempo selbst bestimmen. Die Bewegungsabläufe sind in der Regel gleichmäßig. Außerdem hält ein Gang an der frischen Luft viele Sinneseindrücke parat: Ihr Senior hat Kontakt zu Artgenossen und zu anderen Menschen. Zudem nimmt er unterschiedliche Gerüche wahr („Zeitung lesen"). Und: Die Bewegung draußen bei jedem Wetter stärkt das Immunsystem. Ein Spaziergang wird abwechslungsreicher, wenn Sie unterwegs kleine Spielchen oder Gehorsamsübungen einstreuen. Nehmen Sie es Ihrem Rentner aber nicht krumm, wenn er mal einen schlechteren Tag und somit keine Lust auf Gaudi hat. Stecken Sie zur Belohnung immer die Lieblingsleckerlis Ihres haarigen Freundes ein. Auch die regelmäßige Verabredung mit anderen Hundebesitzern macht die tägliche Bewegung kurzweiliger.

Schwimmen oder Planschen ist für Seniorhunde bei warmem Wetter ein gesunder Sport.

beln Sie einen empfindlichen Hund an kühlen Tagen unbedingt gut trocken, denn Nässe und Wind führen schnell zu einer gefährlichen Lungenentzündung oder einem schmerzhaften Rheumaschub.

Für die kalten Wintermonate gibt es inzwischen schon vereinzelt Hundeschwimmbäder; diese sind in der Regel einer Praxis für Tierphysiotherapie angeschlossen.

Leidet Ihr Vierbeiner bereits unter körperlichen Beschwerden, müssen Sie ihn dennoch nicht völlig ruhig stellen. Bei etlichen chronischen Erkrankungen trägt ein individuell abgestimmtes Mobilitätsprogramm oft sogar zur Besserung bei. In der Akutphase kann allerdings vorübergehende Ruhe nötig sein. Am besten besprechen Sie sich in einem solchen Fall mit Ihrem Tierarzt. Er klärt Sie je nach Art und Schwere des Leidens Ihres Schäferhundes darüber auf, welche Bewegungen erlaubt und welche verboten sind. Bei Krankheiten des Bewegungsapparates hilft auch eine gezielte Physiotherapie sowie das fachmännische Anlegen eines Körperbandes.

Beschäftigungstipps für Seniorhunde

Viele Hunde spielen noch bis ins hohe Alter, meist zwar nicht mehr mit Artgenossen, dafür aber in kurzen Sequenzen mit Herrchen oder Frauchen. Spielen macht dann nicht nur Spaß, sondern hat für ältere Vierbeiner sogar einen therapeutischen Nutzen – es bedeutet Ablenkung von kleineren Alterswehwehchen sowie Stärkung des altersmäßig häufig angeknacksten Selbstbewusstseins, denn der wedelnde Senior steht plötzlich wieder ganz im Mittelpunkt und erhält viel Lob, das zu neuem Stolz verhilft. Viele Graue Schnauzen fallen durch ein lustiges Spiel sogar regelrecht in einen Jungbrunnen. Und: Hunde, die ihr Leben lang spielerisch gefordert wurden, bleiben generell länger fit und gesund. Selbstverständlich ver-

Gerade älteren Hunden tut eine gezielte Physiotherapie beispielsweise auf einem Unterwasserlaufband gut.

Mit etwas Fantasie und Kreativität gibt es noch viele Möglichkeiten, einen älteren Hund schonend zu fordern.

langt das Spielen mit älteren Vierbeinern erhöhte Rücksichtnahme auf den aktuellen Gesundheitszustand sowie die bis dahin erworbene Kondition. Diverse Zipperlein sind aber trotzdem noch kein Grund, generell auf Spiel und Spaß zu verzichten. Mit etwas Fantasie, viel Einfühlungsvermögen und Humor findet man genügend Möglichkeiten, auch einen Seniorhund alters angemessen zu fordern.

- *Haben Sie einen alternden, aber noch fitten Sportler im Haus, lassen Sie ihn über niedrige Hürden oder durch einen höhenverstellbaren Reifen springen. Letzterer lässt sich leicht aus einem Fahrradreifen, der in einen Skistock eingefädelt ist, selbst bauen.*
- *Apportieren steht bei vielen älteren Freaks noch hoch im Kurs. Mit Rücksicht auf den schon abgenützten Bewegungsapparat des Hundes, sollten die zu bringenden Gegenstände allerdings wenig wiegen. Ansonsten sind Ihrer Fantasie kaum Grenzen gesetzt: Ob Gartenhandschuhe, Zeitung, Pantoffel oder Schirm, Ihr wedelnder Gentleman wird Sie sicherlich nicht enttäuschen.*

Schnüffelspiele mit stark duftenden „Lockstoffen" begeistern auch noch betagtere Vierbeiner.

- *Bieten Sie Ihrem vierbeinigen Rentner außerdem Schnüffelspiele an, die seine Sinne und die Konzentrationsfähigkeit fördern. Da die Riechleistung im Alter abnimmt, sind stark duftende „Lockstoffe" wie getrockneter Pansen empfehlenswert, mit dem Sie beispielsweise eine Fährte durch den Garten legen können.*
- *Beherrscht Ihr Belgischer Schäferhund Kunststückchen, fragen Sie diese immer wieder ab, denn das hält geistig fit. Hunde, die hier über Jahre hinweg trainiert wurden, lernen selbst noch im Alter problemlos neue Tricks. Aber auch für eher ungeübte Rentner ist eine Neueinstudierung leichter Übungen wie Pfotegeben oder „Sich-schlafend-Stellen" machbar und sinnvoll, denn durch Kopfarbeit bleiben ergraute Schnauzen deutlich länger jung. Selbst die wiederholte Abfrage des Grundgehorsams ist für alte Hunde eine wichtige Bestätigung.*

Das gemeinsame Spielen mit einem Seniorhund bringt nicht nur viel Spaß und neue Lebensfreude, sondern schweißt Sie noch enger zu einem tollen Team zusammen. Nützen Sie die Zeit miteinander so lange es geht!

Gepflegt im Alter

Richtig verwöhnen können Sie Ihren vierbeinigen Liebling mit einigen Anwendungen aus dem Wellnessbereich. So wird durch eine entspannende Bürstenmassage beispielsweise nicht nur abgestorbenes Haar herausgekämmt, sondern auch die vermehrte Durchblutung der Haut angeregt. Intensives Streicheln wirkt ebenfalls wie eine angenehme, vitalisierende Massage. Massieren Sie Ihren Belgischen Schäferhund sanft mit kreisförmigen Bewegungen. Lockernd wirkt ein leichtes Kneten und Rollen von Haut und Muskeln. Die Aro-

Bürsten erleichtert Jung und Alt nicht nur den Fellwechsel, sondern wirkt auch wie eine angenehme, durchblutungsfördernde Massage.

matherapie kann Hundesenioren zu neuer Energie verhelfen; sie stärkt den Kreislauf, aktiviert die Abwehrkräfte und fördert die seelische Ausgeglichenheit. Außerdem wird ihr eine besonders erfrischende Wirkung nachgesagt. Geben Sie einige Tropfen der ätherischen Öle entweder in eine Duftlampe, in ein Kräutersäckchen oder direkt auf den Liegeplatz des Hundes, allerdings sehr sparsam dosiert, damit die feine Hundenase den Geruch nicht als störend empfindet. Für ältere Vierbeiner sind Lavendel, Zitrone, Grapefruit, Orange, Geranium und Muskatellersalbei empfehlenswert, denn sie haben auf den gesamten Organismus eine stärkende und aufbauende Wirkung.

Mit alternativen Heilmethoden zu neuer Lebensqualität

Bei manchen Altersbeschwerden können Hunden unterschiedliche Verfahren aus der Naturheilkunde helfen. So hält die Homöopathie mit Präparaten wie Echinacea zur Stärkung der Abwehrkräfte, Crataegus zur Anregung und Stabilisierung der Herztätigkeit und Vermiculite gegen Zahnstein und Zahnfleischentzündungen bewährte Mittel bereit. Bachblüten helfen bei Tieren mit altersbedingten Wesensveränderungen. Um das richtige Präparat für Ihren Hund zu finden, besprechen Sie sich am besten mit einem naturheilkund-

Pflege-Tipps für Seniorhunde

- ✓ *Massieren Sie Ihren Belgischen Schäferhund regelmäßig.*
- ✓ *Entwurmen Sie auch den älteren Vierbeiner alle drei bis vier Monate bzw. lassen Sie eine Kotprobe untersuchen.*
- ✓ *Gehen Sie ein- bis zweimal im Jahr zur Altersvorsorgeuntersuchung zu Ihrem Tierarzt.*
- ✓ *Regelmäßige Zahnkontrolle sowie Zähneputzen sind empfehlenswert, denn Prophylaxe schützt wirksam vor vielen Zahnproblemen.*
- ✓ *Bürsten Sie Ihren Hund einmal in der Woche.*
- ✓ *Reinigen Sie regelmäßig Augen, Ohren, Scham bzw. Penis.*
- ✓ *Kontrollieren Sie regelmäßig die Haut auf Veränderungen und eventuelle Liegeschwielen sowie die Krallen.*
- ✓ *Tasten Sie Ihren Senior wöchentlich nach eventuellen Veränderungen ab.*
- ✓ *Rauchen Sie nicht in der Gegenwart Ihres Hundes, denn Passivrauchen beschleunigt den Alterungsprozess.*
- ✓ *Geben Sie Ihrem Vierbeiner einen warmen, weichen und vor Zugluft geschützten Schlafplatz, den Sie hygienisch sauber halten.*

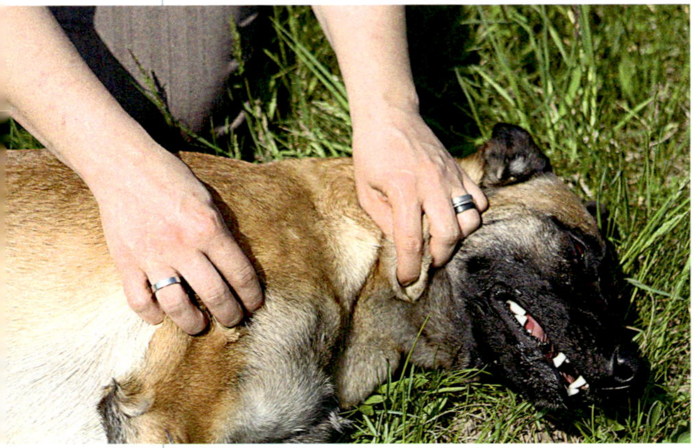

Akupressur, TTouch® und Massage wirken positiv auf Körper und Seele des Hundes.

Abwechselndes Pfötchengeben löst Verspannungen und stärkt die Muskulatur, nicht nur bei alten Hunden.

lich erfahrenen Tierarzt. In der Schmerztherapie erzielt die Akupunktur sehr gute Erfolge. Schmerzmittel lassen sich dadurch meist deutlich reduzieren, manchmal werden sie sogar gänzlich überflüssig. Die Akupressur ist eine Abwandlung der Akupunktur; hier ersetzen die Berührung und der Druck der Finger die Nadeln. Dies wirkt sich nicht nur sehr positiv und entspannend auf den Körper aus, sondern auch auf die Seele des Vierbeiners.

Physiotherapie für daheim

- ✓ *Lassen Sie Ihren Hund abwechselnd Pfötchen geben: Dies löst Verspannungen im Schulterbereich und stärkt gleichzeitig die Muskulatur.*
- ✓ *Ein mehrmaliges „Sitz“ und „Steh“ im Wechsel entspricht den menschlichen Kniebeugen; dadurch wird mehr Muskulatur in der Hinterhand aufgebaut.*
- ✓ *Ein kleiner Cavaletti-Lauf fördert die Konzentration, die Koordination und den Aufbau der Beinmuskulatur. Legen Sie hierfür eine Leiter oder einige Besenstiele etwas erhöht auf den Boden und achten Sie darauf, dass Ihr wedelnder Gefährte ganz exakt eine Pfote nach der anderen in die Sprossenzwischenräume setzt.*
- ✓ *Pumpen Sie eine stoffbezogene Luftmatratze nicht ganz prall auf; nun stellen Sie sich und Ihren Hund darauf und treten leicht auf der Stelle. Diese flexible Unterlage fördert den Gleichgewichtssinn Ihres Vierbeiners und wirkt muskelaufbauend.*
- ✓ *Ein Slalom durch Ihre Beine ist für Ihren Vierbeiner eine gute Dehnübung, da sich der gesamte Hundekörper dabei beidseitig leicht u-förmig dehnt.*

Bitte vergessen Sie nicht *bei all diesen Übungen ausgiebiges Loben und Leckerlis zur Belohnung, schließlich soll auch eine Physiotherapie Spaß machen!*

Leidet Ihr Belgischer Schäferhund unter rheumatischen Gelenkbeschwerden, tut ihm ein erwärmtes Dinkelkissen im Hundelager gut.

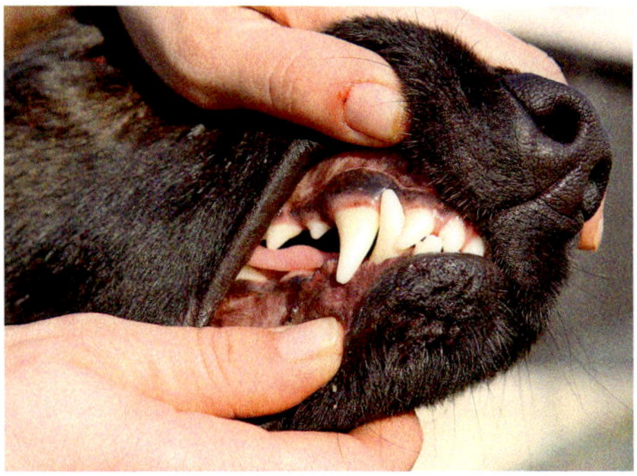

Kontrollieren Sie regelmäßig die Zähne Ihres Hundes und lassen Sie Zahnstein gegebenenfalls entfernen.

Einfache Hausmittel tun Ihrem Hundesenior ebenfalls gut. Leidet Ihr Belgischer Schäferhund beispielsweise an Rheuma, legen Sie eine Wärmflasche oder ein erwärmtes Dinkel- oder Kirschkernkissen in den Hundekorb. Ein auf diese Weise vorgewärmtes Körbchen wirkt sich auch bei Hunden mit Gelenkproblemen sehr positiv aus. Bekommt Ihr wedelnder Senior nach einer längeren Wanderung Muskelkater, schaffen Einreibungen und Umschläge mit Arnikasalbe oder verdünnter -tinktur Erleichterung. In der kalten Jahreszeit bewährt sich diese Behandlung ebenfalls bei älteren Hunden mit rheumatischen Muskel- oder Gelenkbeschwerden.

Ein weiteres sehr breites Heilungsspektrum bietet die Physiotherapie, die neben spezieller Krankengymnastik diverse Wasser-, Massage- und Magnetfeldtherapien beinhaltet. Lassen Sie also Ihren vierbeinigen Senior im Fall der Fälle neben dem eigenen Verwöhnprogramm auch von den therapeutischen Fortschritten der Tiermedizin profitieren. Er hat es sich nach Jahren treuer Freundschaft redlich verdient!

Ernährungstipps

Natürlich darf eine dem Alter entsprechend angepasste Ernährung nicht fehlen. Stellen Sie Ihren Belgischen Schäferhund langsam auf eine leichtere, energieärmere Nahrung um, damit er nicht übergewichtig und dadurch zusätzlich träge wird; immerhin sinkt der Energiebedarf Ihres Hundes im Alter um etwa 20 %. Füttern Sie nun zwei- bis dreimal am Tag, denn mehrere kleine Portionen sind leichter zu verdauen als eine Große. Achten Sie unbedingt auf die Linie Ihres Belgischen Schäferhundes, denn schlanke Hunde sind gesünder und leben länger. Im Fachhandel erhalten Sie spezielles Seniorfutter, das extra auf die Bedürfnisse und den verlangsamten Stoffwechsel alter Hunde abgestimmt ist. Bei diversen Erkrankungen bekommen Sie ein genau abgestimmtes Diätfutter über den Zoofachhandel oder Ihren Tierarzt. Allgemein sollte Seniorfutter besonders schmackhaft und hochverdaulich sein. Geben Sie keine Nahrungsergänzungsmittel (Vitamine, Mineral-

Extra-Tipp

Füttern Sie im Sommer nicht in der größten Mittagshitze: Ein voller Bauch wirkt bei großer Hitze zusätzlich kreislaufbelastend. Lassen Sie Ihren Senior nach dem Fressen mindestens 1 Stunde ruhen.

Durch den veränderten Stoffwechsel im Alter werden betagte Hunde leicht dick. Füttern Sie daher Seniorfutter und passen Sie die Futtermenge dem Bedarf Ihres Belgiers an.

stoffe), ohne es vorher mit Ihrem Tierarzt abgesprochen zu haben, denn auch Vitamine oder Mineralien können überdosiert schaden. Täglich frisches Trinkwasser darf natürlich nicht fehlen. Hat Ihr Hund deutlich weniger Durst, stellen Sie ihn auf Nassfutter (Dosenfutter) um oder mischen Sie seinem herkömmlichen Futter zusätzlich Wasser bei, damit er nach wie vor ausreichend mit Flüssigkeit versorgt wird.

Stecken Sie Ihrem Vierbeiner keine Süßigkeiten und Essensreste zu – dies wäre falsch verstandenes Verwöhnen und schadet älteren Hunden besonders. Belohnen Sie nur mit echten Hundeleckerlis; inzwischen gibt es sogar schon Leckereien in Senior- oder Lightqualität.

Leckerli-Spaß für Seniorhunde

Möchten Sie Ihren Vierbeiner mal mit selbst gebackenen Leckerlis verwöhnen, dann probieren Sie folgendes Rezept aus.

Sie benötigen folgende Zutaten:

100 g feine Senior-Hundeflocken
2 Eier
4 TL Senior-Dosenfutter

Alle Zutaten werden in einer Schüssel zu einem Teig verarbeitet. Daraus formen Sie nun kleine Bällchen, legen diese auf ein mit Backpapier ausgelegtes Backblech und lassen sie ca. 35 Minuten bei 175 °C im bereits vorgeheizten Backofen fest werden. Dieses Rezept ist für jeden Hundetyp geeignet, denn ganz gleich, ob er Diätfutter braucht oder in Bezug auf Leckerli besonders wählerisch ist, Sie können dafür Ihr ganz normales tägliches Hundefutter verwenden. Füttern Sie normalerweise keine feinen Flocken, sondern gröberes Futter, wird dies vorher einfach in einer Küchenmaschine zerkleinert.

Damit der Spaß komplett wird, kann sich der Vierbeiner seine „Plätzchen“ erarbeiten; dazu darf natürlich die richtige Verpackung nicht fehlen. Hier empfiehlt sich beispielsweise eine kleine Papiertüte oder ein ausrangiertes Stofftaschentuch. Aber auch ein alter Socken birgt, mit den Leckerlis gefüllt, einen großen Auspackspaß für den Hund und ist, geleert, anschließend auch noch ein tolles Spielzeug. Eine weitere geeignete Verpackung ist eine kleine Schachtel, beispielsweise von einer Glühbirne, oder einfach nur altes Zeitungspapier.

Abschied

Leider währt ein Hundeleben nicht ewig und so ist auch irgendwann nach Jahren des gemeinsamen Zusammenlebens die Zeit des Abschieds gekommen. Manche Senioren schlafen einfach friedlich ein. Häufig jedoch wird der Hundebesitzer in die verantwortungsvolle Pflicht genommen, über Leben und Tod des Hundes selbst zu entscheiden. Leidet Ihr Belgischer Schäferhund und wird ihm das Leben zur Qual, weil selbst die Tiermedizin an ihre Grenzen kommt und ihm seine Schmerzen nicht mehr nehmen kann, ist es an der Zeit, ihn von seinem Leiden zu erlösen. Viele Tierärzte kommen hierfür auch zu Ihnen nach Hause, damit dem gebrechlichen Vierbeiner weiterer Stress durch einen unnötigen Transport erspart bleibt, und er in seiner gewohnten Umgebung ruhig und würdevoll für immer einschlafen darf.

Der Abschied von Ihrem langjährigen, treuen Begleiter ist natürlich mit großer Trauer verbunden. Haben Sie sich jedoch sein Hundeleben lang auf seine Bedürfnisse eingestellt und waren Sie in guten wie in schlechten Zeiten für ihn da, ist die Gewissheit eines erfüllten, tollen Hundelebens, das Ihr Belgischer Schäferhund bei Ihnen hatte, vielleicht ein kleiner Trost. Da die Trauer um einen geliebten Vierbeiner nicht zu unterschätzen ist, gibt es inzwischen in vielen Orten Tierfriedhöfe oder -krematorien, die durch einen ganz bewussten Abschied und einen festen Ort der Trauer, den man jederzeit besuchen kann, die Trauerarbeit und das Loslassen erleichtern.

Natürlich wird Ihr verstorbener Schäferhund unersetzlich bleiben, trotzdem stellt sich Ihnen nach einiger Zeit vielleicht wieder die Frage nach einem neuen Hund. Stimmen auch dann noch alle Voraussetzungen für eine Anschaffung, ehren Sie das Andenken an Ihren Vierbeiner, indem Sie sich einen neuen Belgier anschaffen. Doch machen Sie nicht den Fehler, ihn mit Ihrem vorigen Hund zu vergleichen. Jeder Belgische Schäferhund ist absolut einmalig und auf seine ganz eigene Weise liebenswert.

Bewahren Sie ihn auch nach seinem Tod in Ihrem Herzen, doch vergleichen Sie einen eventuellen Neuzugang nicht mit ihm, denn jeder Vierbeiner ist absolut einmalig.

Tierbestattungen

Adressen von Tierfriedhöfen und -krematorien in Ihrer Nähe bekommen Sie über den Bundesverband der Tierbestatter e.V.:
www.tierbestatter-bundesverband.de
Eventuell können Ihnen aber auch Ihr Tierarzt oder der örtliche Tierschutzverein weiterhelfen.

Hilfreiche Adressen und Links

Rassezuchtvereine Deutschland

Deutscher Klub für Belgische Schäferhunde e.V. (DKBS)
Gunter Althoff
(Präsident/Welpenvermittlung)
Radaustr. 43b
D-86199 Augsburg
Tel: 08 21-99 82 13 76
Fax: 08 21-99 82 13 77
www.dkbs.de

Belgische Schäferhunde Berlin e.V. (BSB)
Susanne Heckes
(Zuchtbuchstelle/Welpenvermittlung)
Lindenstr. 21/1
D-73650 Winterbach
Tel: 07181-74 325
(Mo–Fr 19.30-22.00 Uhr)
www.bsb-e-v.de

Deutscher Malinois Club e.V.
(Geschäftsstelle und Welpenvermittlung)
Marktplatz 8a
D-56288 Kastellaun
Tel: 06762-96 37 27
Fax: 06762-96 37 20
www.mechelaar.de

Österreich

Verein der Belgischen Schäferhunde in Österreich (BSÖ)
Andrea Kührer
(Welpenvermittlung)
Kl. Neusiedlerstr. 25
A-2401 Fischamend
Tel: 0043-(0)664-434 00 17
Fax: 0043-(0)2232-773 75
www.belgierhund.info

Schweiz

Schweizerischer Klub des Belgischen Schäferhundes (SKBS)
Heike Dworog
(Präsidentin Zuchtkommission)
Rütistr. 81
CH-8636 Wald
Tel: 0041-(0)55-246 67 09
www.skbs-cscbb.ch

Kynologenverbände

Verband für das Deutsche Hundewesen (VDH)
(Geschäftsstelle)
Westfalendamm 174 D-44141 Dortmund
Tel: 0231-565 00-0
Fax: 0231-59 24 40
www.vdh.de

Österreichischer Kynologenverband (ÖKV)
(Geschäftsstelle)
Siegfried-Marcus-Str. 7 A-2362 Biedermannsdorf
Tel: 0043-(0)2236-71 06 67
Fax: 0043-(0)02236-71 06 67-30
www.oekv.at

Schweizerische Kynologische Gesellschaft (SKG)
(Geschäftsstelle)
Brunnmattstr. 24 CH-3007 Bern
Tel: 0041-(0)31-306 62 62
Fax: 0041-(0)31-306 62 60
www.hundeweb.org

Haustierregister

Deutscher Tierschutzbund e.V.
(Geschäftsstelle)
Baumschulallee 15
D-53115 Bonn
Tel: 0228-60 49 60
Fax: 0228-60 49 640
www.tierschutzbund.de

TASSO e.V.

Haustierzentralregister
Frankfurter Str. 20
D-65795 Hattersheim
Tel: 06190-93 73 00
Fax: 06190-93 74 00
www.tiernotruf.org

Internationale Zentrale-Tierregistrierung (IFTA)
Nördliche Ringstr. 10
D-91126 Schwabach
Tel: 00800-43 82 00 00
Fax: 09122-88 51 989
www.tierregistrierung.de

Interessante Links zu Internetseiten rund um den Hund:

www.partner-hund.de
www.hundefinder.de/hundeschulen
www.ferien-mit-hund.de
www.flughund.de
www.haustierratgeber.de

Der Verlag ist nicht für den Inhalt von Internetseiten und deren Links verantwortlich

Dank

Mein besonderer Dank gilt Ulrike Hodapp vom Zwinger „de Laqhorna" (www.laqhorna.com) für die fachliche Mitarbeit und Beratung.
Ein großer Dank geht außerdem an Christine Steimer (www.tierfotografie-steimer.de) für ihre einmaligen, direkt aus dem Leben gegriffenen Fotos. Ihre Bilder stellen immer wieder eine große Bereicherung für die Premium-Ratgeber-Reihe dar.
Danke auch allen zwei- und vierbeinigen Modells, die sich netterweise für Fotoaufnahmen zur Verfügung gestellt haben.

Ein weiteres dickes Dankeschön geht an Ingrid Heindl (www.tierphysiotherapie-bayern.de) und Dr. med. vet. Susanne Winhart: Ihr fachlicher und persönlicher Rat ist mir stets eine große Hilfe.
Außerdem gilt mein herzlicher Dank Familie Schmitt und Tobias Volg für ihren steten Rückhalt in allen Fragen und Bereichen sowie meinen Redaktionshunden „Luzie" und „Peggy" für ihr beruhigendes Schnarchen während meiner Arbeit und unsere gemeinsamen, entspannenden Spaziergänge und Spielrunden zwischendurch.

Annette Schmitt

Bildnachweis

Alle Fotos von Christine Steimer, außer:
Annette Schmitt, Seiten: 40 unten rechts, 40 Mitte, 79 oben(2), 80(2), 83 rechts, 110 links, 113 unten, 119 unten links, 123 oben, 124 unten
Trixie, Seiten: 40(3), 41(3), 42(4), 45(4), 49(2), 54(1), 55(1), 56(2), 57(3), 76(4), 111(1), 124(1)

Register

Hinweis: Die in diesem Buch enthaltenen Empfehlungen und Angaben sind von den Autoren mit größter Sorgfalt zusammengestellt und geprüft worden. Eine Garantie für die Richtigkeit der Angaben kann aber nicht gegeben werden. Autoren und Verlag übernehmen keinerlei Haftung für Schäden und Unfälle. Der Leser sollte bei der Anwendung der in diesem Buch enthaltenen Empfehlungen sein persönliches Urteilsvermögen einsetzen.

Impressum

Bibliografische Information der Deutschen Nationalbibliothek
Die Deutsche Nationalbibliothek verzeichnet diese Publikation in der Deutschen Nationalbibliografie; detaillierte bibliografische Daten sind im Internet über http://dnb.d-nb.de abrufbar.

Wollgrasweg 41, 70599 Stuttgart (Hohenheim)
E-Mail: info@ulmer.de
Internet: www.ulmer.de
Umschlagentwurf: Sojus Design, Kai Twelbeck, Stuttgart
Titelfoto: Christine Steimer
Satz: r&p digitale medien, Echterdingen
Repro: Timeray, Herrenberg
Druck und Bindung: Firmengruppe Appl, aprinta Druck, Wemding, Germany
Printed in Germany

ISBN 978-3-8001-6737-1